国家自然科学基金重点项目资助　51538006

生物形态的建筑数字图解

Digital Diagram from BIO-Form
for Architectural Design

徐卫国　李　宁　著

中国建筑工业出版社

图书在版编目（CIP）数据

生物形态的建筑数字图解 / 徐卫国，李宁著 . — 北京：中国建筑工业出版社，2018.4
ISBN 978-7-112-21936-0

Ⅰ . ①生… Ⅱ . ①徐… ②李… Ⅲ . ①数字技术 – 应用 – 建筑设计 Ⅳ . ① TU201.4

中国版本图书馆 CIP 数据核字 (2018) 第 049124 号

责任编辑：张 建 张 明
责任校对：李欣慰

中国建筑工业出版社官网 www.cabp.com.cn →输入书名或征订号查询→点选图书→点击配套资源即可下载（重要提示：下载配套资源需注册网站用户并登录）。

生物形态的建筑数字图解

徐卫国　李　宁　著

*

中国建筑工业出版社出版、发行（北京海淀三里河路9号）

各地新华书店、建筑书店经销

北京圣夫亚美印刷有限公司印刷

*

开本：787×1092 毫米　1/16　印张：22¼　字数：377千字
2018年5月第一版　2018年5月第一次印刷
定价：99.00 元（附网络下载）
ISBN 978-7-112-21936-0
（31841）

目录

绪言

建筑设计的图解

（一）解释性图解

"图解"的概念由来已久，可以说与建筑学本身一样古老，然而，"图解"在过去只是一种解释性或分析性的工具，通常用来表示某种几何关系，进行形式研究，解释事物之间某种内在关系，或者展现建筑师的设计灵感。

西方建筑理论史的奠基人维特鲁威提出的"维特鲁威人"就是对他所建立的建筑形式标准的图解，一个人伸开双臂双腿，其手指脚趾落在以肚脐为圆心的一个圆上，从脚底到头顶的高度，正与其两直臂的两侧手指端间的距离相等，由此可形成正方形。之后希·罗·宾根、弗·迪·乔奇奥、温·斯卡莫奇以及达·芬奇等人均绘制过维特鲁威人，试图表达建筑、人体、世界之间的几何关系。[1]

柯布西耶在 1915 年绘制的"多米诺住宅"是一个具有划时代意义的建筑图解，他以多米诺命名，意味着这是一栋像骨牌一样标准化的房屋，在这里柯布将建筑抽象还原到梁、柱、板，垂直交通组成的基本结构，这一结构可批量生产，其形式随着建筑类型的需要可进行修改。这个图解直接反映了柯布"住宅机器"的概念，是"机器美学"的具体体现。[2]

现代主义的功能关系泡泡图是典型的抽象分析性图解。基于"形式服从功能"的信条，建筑设计首先要分析功能组成及其之间的联系，功能泡泡图正是对建筑功能组成及其关系的图解，它简单化地表达了功能及流线的关系，并作为建筑形式发展的抽象基础。在泡泡图中，人的动态活动要求被片面地表示为静止的功能体块，建筑中各种活动之间的复杂联系被表示为简单的流线，其结果导致现代建筑僵化、生硬、缺少人性。

（二）生成性图解

埃森曼开发了"图解"的生成性用途，把建筑作为一个事件不断展开，时间在这里具有了积累、绵延的特征，于是形式

---

1 ［德］汉诺－沃尔特·克鲁夫特著，王贵祥等译.建筑理论史：从维特鲁威到现在.北京：中国建筑工业出版社，2005.
2 ［美］肯尼斯·弗兰姆普敦，张钦楠等译.现代建筑：一部批判的历史.北京：生活·读书·新知三联书店，2004:165.

是运动的积累。他的具体操作是从某一原始形式或初始概念出发，运用某种方法或规则，逻辑性地变化原始形式，从而形成系列形体并产生建筑设计。埃森曼认为，图解就是那些在过程中未被画出的工作过程，"在最初的羊皮纸建筑制图中，一个图解性计划通常用一支没蘸墨水的铁笔绘制或蚀刻在羊皮纸表面，之后再在上面用墨水画上实际的方案。而这些中间状况的踪迹，就是图解"。[1]从住宅系列研究开始，埃森曼的多数设计均以这种图解的方法发展而来。比如住宅2号，以九宫格作为初始形式，运用旋转加倍等方法获得柱与墙系统的多重踪迹，并以此决定建筑的整体空间；住宅6号同样从九宫格原形出发，通过电影概念进行思考，建筑方案是一系列定格在时间和空间中的原形轨迹，它是一个过程的记录，基于一组图解式转换，因此，最终建筑客体不仅是自己生成历史的结果，并且它还保留下这段生成过程作为它完整的记录（图1）。在这里，埃森曼将注意力"从客体的感性方面转移到客体的普遍性方面"，"研究形式构造的内在的，所谓形式的普遍性本质"，并将九宫格的结构框架引入时间维度，成为动态的"生成中"的形体，与柯布的多米诺住宅的静止图解相比，埃森曼的住宅具备了生成性特征。[2]

图1 埃森曼的"生成"图解

埃森曼对图解的另一贡献在于使用三维轴测图将过去二维图解发展到三维图解。轴测技术虽然曾是20世纪二三十年代先锋建筑师们的重要工具，但50年代末之前已不再作绘图工具。由于轴测法崇尚对象的自治，能克服透视法向灭点消失所产生的变形，又可同时表达出平、立、剖面的内容等特点，埃森曼及海杜克恢复了轴测图的使用，使得设计生成过程中的分析图解具有与实体建筑相接近的三维图形，这样图解具有了可度量的客观信息。

然而，埃森曼由于一直坚持建筑学的自治，并毫不妥协地坚守建筑学形式语言的领地，他的图解起点如上所述，通常是某一概念或初始形体，这样生成的建筑形体最终也只能停留在与建筑概念或建筑形式相关的层面。

与埃森曼相比较，库哈斯及赫尔佐格也坚信图解的生成性用途，并以图解为工具生成设计，但是他们图解的起点则与埃森曼完全不同。

库哈斯认为建筑学的中心应该让位于某些更广泛的社会力量，记者出身的库哈斯对建筑学以外的社会现象具有浓厚的兴趣，善于进行新闻报道式的发掘研究，他的设计图解正是来自

1　[美]彼得·埃森曼编著，陈欣欣，何捷译. 图解日志. 北京：中国建筑工业出版社 .2005:28.
2　R·E·索莫尔.虚构的文本，或当代建筑的图解基础. 详见：同上序言 P17-18.

于这些社会研究，并对图解进行操作，发展成建筑方案。比如在美国西雅图公共图书馆项目（1999 年始）中，OMA 的工作者绘制了一幅展现媒体发展历史的图解，展示了图书从 1150 年起作为唯一的媒体，到互联网出现，旧媒体与新媒体并存的状态的全过程。库哈斯认为图书馆已从一个单一的阅览空间转化为社会中心，因而其构架及形态也应转变以适应这个新角色，媒体发展历史的图解正好展示了当代图书馆这个容器中复杂的活动。设计者将这些复杂的活动进行压缩，并重组为 9 个功能组团：五个稳定功能和四个活动功能，并以这四个活动功能作为设计的出发点，将这四个活动功能组团进行平移，产生了整个设计的核心元素"平台"，并赋予平台不同的功能、不同的形状、不同的尺寸，并组织人流，成为城市活动的主要发生场所，之后，利用自动扶梯将平台相连，形成建筑整体，最终的设计正是从这步图解的操作中发展而来。[1]

赫尔佐格更注重建筑所在场地及周边的特征，建筑形态的起点从研究地段及环境开始，研究环境及生活现象，以及其逻辑性的发展，形成最终的设计方案。比如日本东京 Prada 项目中，地段周边建筑的高度、日照分析、各个不同角度上的视觉景观等现状条件经过图解分析决定了建筑的基本形体；美国明尼阿波利斯的沃克艺术中心扩建项目中，为了将城市生活引入艺术中心，建筑的空间组织以一条变化的街道空间为主脊，增建的四块体量的方向分别与道路及对面建筑的方向相对应，建筑的形态表现出与生活及环境现象之间的逻辑关系。[2]

库哈斯以社会研究为起点发展设计，赫尔佐格以生活环境现象为起点发展设计，这样设计的结果具备了社会性及生活性特征，在埃森曼的基础上，使建筑贴近了社会生活。

建筑设计的数字图解

20 世纪最后几年，新一代先锋建筑师运用图解工具进行建筑设计取得了革命性的进展，他们主要获益于哲学家吉尔·德勒兹对米歇尔·福柯图解概念的重新解释[3]，从而在哲学层面上定义了图解概念；同时，基于图解哲学定义的特征，借助计算

---

1 参见：El Croquis 134/135：62-117. OMA REM KOOLHAAS[II]1996-2007，El Croquissl,2007.
2 参见：a+u February 2002 Special Issue, Herzog & Meuron 1978-2002, Tokyo:a+u Publishing Co., LTD 2002.2.
3 M• 福柯 1975 年写《监视与惩罚》（Michel Foucault. Surveiller et Punir-Naissance de la prison. Paris: Editions Gallimard Paris, 1975）阐述了图解概念；吉尔•德勒兹 1986 年写《福柯》（Gilles Deleuze. Foucault. Les Editions de Minuit, 1986），书中第一章第二节"新一代制图者"（A New Cartographer）阐述了福柯的图解概念。

机软件技术在建筑设计上实现了图解概念的具体操作,这一设计方法可以定义为数字图解的设计方法,它是用计算机程序生成设计形体的操作。其结果给建筑设计带来了新的历史开端,一种新的适用于建筑设计的数字图解工具及相关理论正在形成之中。

德勒兹在《福柯》中认为福柯在其前期著述中一直在研究两种形式,即可述者的形式及可见者的形式,直到《监视与惩罚》才找到肯定的答案:可述者的形式与可见者的形式完全不同,并以"刑法"及"监狱"为对象阐述了两者的关系。"刑法"作为"违法及惩罚"这一内容的形式,它是可述的功能,是可述者的形式;而"监狱"作为"囚徒及监狱环境构成"这一内容的形式,它是可见的内容,是可见者的形式。这两种形式不断发生联系,相互渗透,相互摆脱:刑法不断提供囚徒,并将他们押送进监狱,监狱却不断再造罪犯,使罪犯成为"对象",实现刑法所另外构想的目标(保卫、囚犯变化、刑罚调整、个性)等等。由此可见,监狱是刑法的形态转化,即"可见者的形式"是"可述者的形式"的转化。而事实上,形法对应的形式并不一定是监狱,比如 18 世纪的刑法基本不涉及监狱;监狱也并不是刑法唯一对应的形式,比如,监狱就曾是欧洲复仇或君主复辟时的惩罚形式,那么,我们如何确切地表示刑法及监狱之间的关系呢?或者说如何确切地表示"可述者的形式"与"可见者的形式"之间的关系呢?德勒兹基于福柯的思想提出了"纯粹的可述的功能","纯粹的可见的内容"以及抽象形式的构想,并认为功能及内容均体现在抽象形式之中。福柯把这两者之间的关系抽象地确定为一台机器,"这种机器不仅通常运用于可见的内容,而且通常渗透于一切可陈述的功能",对于"刑法"与"监狱",其抽象的关系则可表述为"在异常的人类多样性上强加异常的行为",他给这种抽象关系取了一个最贴切的名字:这就是"图解"(Diagram)。福柯认为,图解是"一种函数关系,从一些必须分离于具体用途的障碍和冲突中抽象出来的关系"。德勒兹认为,图解不再是视听案卷,而是一种图,一种与整个社会领域有共同空间的制图术。它是一部抽象机器,它一方面由一些可述的功能及事物所定义,另一方面,产生出不同的可见的形式;它是一部无声而看不见的机器,但是又让别人看见和言说。

德勒兹在讨论了权力概念及社会势力问题之后,又进一步定义图解,什么是图解?图解是构成权力的各种势力之间关系的显示。权力或势力之间的关系是微观物理的、策略性的、多点状的、扩散的,它们决定了特征并构成纯粹的"可述的功能"。

图解或抽象的机器是力之间关系的图，密度或强度之图，它通过原初的非局部化的关系而发展，并在每一时刻通过每一点，"或者更恰当地说，处于从一点到另一点的每一种关系之中"。当然，这与先验的观念没有关系，与意识形态的超结构也没关系，与由物质限定的、由形式和用途所定义的经济基础更无关系。同样，图解作为非一元化的内在原因而发生作用，内在原因与整个社会领域有共同空间：抽象机器就像执行关系的具体集合的原因；这些力之间的关系发生在它们产生集合的组织内部，而不超越其上。[1]

由此可见，图解表示了各种力之间的联系关系，它是一部抽象的机器，一边输入可述的功能，另一边输出可见的形式。在这一点上，建筑设计过程与其相似，也是将一些可述的功能要求及影响设计的要素通过某种关系转化成各种可能的可见的形态，新一代先锋建筑师正是从这里入手，在设计过程中引入作为抽象机器的图解工具，将传统设计改变成图解过程。由于抽象机器本身表示了各种影响力之间的关系，或称它是一个函数关系，并且输入的可述的因素不止一种因素且具有动态性（可称为参变量），这样输出的结果也具有多样性，如果要人为地控制这一过程是不可能的，而计算机技术却可以控制并实现这一过程的转化，因而，计算机技术与图解概念找到了结合点。以计算机图形学为基础，计算机可以通过某种几何关系及屏幕效果将设计要求及影响要素转换成计算机中的图形，这一图形可以作为建筑设计的雏形。先锋建筑师正是依靠软件技术建立抽象机器，并将那些影响设计的要素输入，通过计算获得各种可能的形式，作为建筑设计的方案。

格雷戈·林恩是这一领域的代表建筑师之一，他在1993年纽约"Port Authority Triple Bridge Gateway"竞赛方案设计中，以动画软件中的粒子系统作为图解，以纽约第7大道及38街上人流及车流的交通量作为影响设计的主要因素，在粒子系统中，行人及汽车的速度及交通量作为作用力建立了一个引力场，不同强度的交通量以不同密度的粒子来表示，粒子受到力场的作用发生运动，软件可以记录下粒子的运动轨迹，经过一段时间对其轨迹的捕捉，这些粒子移动的相位图就渐渐形成了管状形态，这个形态正是建筑设计所要的设计雏形（图2）。在90年代后期的设计中，林恩已不再局限于使用动画软件中给定的工具作为图解，而是自己编写计算机程序并在某种软件系统中运行，由此获得图解，并以此来生建筑初始形体，比如哥斯达黎

1 参见：Gilles Deleuze, translated by Sean Hand. Foucault. Minneapolis: The University of Minnesota Press, 1988:23-44; 及吉尔·德勒兹著，于奇智，杨洁译.福柯 褶子.长沙：湖南文艺出版社，2001：28-49.

加的自然历史博物馆设计以及胚胎住宅设计均用这种方法生成设计。[1]

卡尔·初是另一位以图解为工具设计的探索者，他积极探讨生命原理与计算机技术相结合的图解工具，形态基因体系是他设计的基础，他坚信应以内在法则和形态代码来生成建筑形体，从而建立建筑学的自治。他的图解是建立在递归基础上的基因遗传学，"在基因这个概念中内涵的是一个基于遗传规则复制遗传单元的思想。埋藏在这种机械复制之中的是一种生成功能：基于递归的自指涉逻辑。递归是一种不断自我重复的规则，从而自指涉地生成一系列变形。""ZyZx"是一组由一维原胞自动机的基因密码生成的几何形体，每一种规则形成一个可能的单胞体，通过各个球体表现；"原形建筑"是这些规则扩展而生成的建筑形体（图3）。在这些形体的生成过程中，元胞自动机算法系统是作为抽象机器的图解。[2]

UN Studio 更多地把图解工具用在实际项目中。博克尔和博斯通常从其他领域借取图解材料，输入到计算机软件中，比如数学图解、电路图、乐谱等等，在某个设计项目进行时，根据项目具体情况如场地、功能、流线等选择合适的图解素材，并以项目具体的条件作为触发，促使图解运动并产生变形，从而获得建筑设计的形体。他们认为设计过程中借用的图解素材与素材本身的信息无关，它们只是作为某种先在性关系而存在，在结合到具体项目时，项目信息导致先在性图解发生拓扑变形，生成了适合于具体项目的形态，因而同一图解在不同项目中使用，同样可以产生不同的设计结果。UN Studio 最常用的图解是莫比乌斯环及其变体克莱因瓶和三叶草。莫比乌斯环最早用在其 1993 年设计的一个住宅，在这个方案中互相缠绕的两条轨线上分别布置了 24 小时家居生活中起居及工作功能；独立的工作空间

图2　格雷戈·林恩设计的竞赛方案

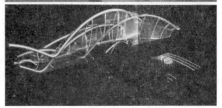

图3　"原型建筑"

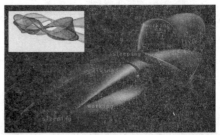

图4　UN Studio 设计的住宅

1　参见：Greg Lynn. Animate Form. New York: Princeton Architectural Press, 1999. 及 Ingeborg M·Rocker. Calculus-based form: an interview with Greg Lynn. Programming Cultures, AD. Vol26, Issue4:88-95. 同时参见 Centre Pompidou. Architectures Non Standard. Paris: Editions du Pompidou, 2003:90-101.
2　参见：Neil Leach, Xu Wei-guo. Fast Forward/ Hot Spot/ Brain Cell. HongKong: Map Book Publisher, 2004: 22-25.

与卧室空间互相平行，轨线的联结处则作为公共空间（图4）。莫比乌斯环图解在 UN Studio2006 年的西班牙新项目中被稍加变形再次使用，在新的方案中，建筑与人流车流充分互动，为来访者带来多重体验。1996 年开始设计的阿恩海姆综合中心使用了克莱因瓶作为图解，以一种封闭的方式连接了综合体中的办公楼、火车站、地下停车场、汽车终点站等各部分，在这个方案中，各部分之间的关系是克莱因瓶的拓扑变形。2006 年建成的德国斯图加特奔驰博物馆则是三叶草图解拓扑变形而生成的建筑形体。[1]

　　运用图解工具进行建筑设计，实际上，是把建筑放到了一个动态系统中进行设计，这是因为图解表示的是各种力之间的关系，具体到建筑设计的场合，也就是表示的影响建筑设计的各种条件因素之间的关系，它是一个设计的参数模型，当输入的设计条件因素发生范围或量的变化时，图解的结果也会相应发生变化，因而，作为图解输出结果的形体其实是一个形体范围，它是各种可能的形体的集合，而这一形体的范围或集合形体，正好可满足建筑建成后各种环境条件具有一定变化范围的实际情况的要求，因而它更适用。在这一点上，这种设计方法与传统的设计方法完全不同，传统的建筑设计是把建筑的场所环境抽象为一个理想的匀质空间，各种影响设计的条件因素均是不变的常量。但即便是在过去，在其他学科却并不像建筑设计这样对待设计，例如在舰艇设计时，抽象环境充满了流动、湍流、黏性和拉力，这些力用来测验舰艇的外壳，在船体实验中，顺水航行与逆水航行时，对船身的形态的不同要求可以使船身成为最终优化的形体。同样的道理，建筑为什么不由它所处场所的物理环境及文化环境的动态因素来塑造呢？变化的因素将通过图解生成建筑形体范围，这一形体范围正是最优化的建筑形体。因而运用图解的建筑设计就像船体设计那样，得到虚拟运动环境中建筑设计的优化结果。

　　另一方面，与前述解释性图解及生成性图解相比，图解与计算机技术的结合使图解内涵本身有了令人惊讶的扩展。埃森曼的图解虽然也称作生成性图解，但是，这种生成性只是记录了设计过程中间状况的绘图踪迹，这种设计过程图的叠合图如果称得上生成结果的话，最多也只不过是手工半自动操作的形体结果；库哈斯的社会学图解，实际上还停留在从统计学的角度找到形式灵感，并进行人为操作发展设计；赫尔佐格则是从现象的分析中，人为找到形式参照，并发展形成设计。它们与

1　Ben Van Berkel, Caroline Bos. UN Studio: Design models, Architecture Urbanism Infrastructure. London: Thames & Hudson, 2006.

具有全自动生成能力的数字图解相比，还有相当的距离。埃森曼之前的解释性图解就更是如此。

图解与算法

图解与算法是两个独立的概念，本来并无联系。在建筑设计的发展中，图解作为设计手段具有不同的作用和性质，最初图解只是一种解释性或分析性的工具，通常用来表示某种几何关系，进行形式研究，解释事物之间某种内在关系，或者展现建筑师的设计灵感。但正是 20 世纪 90 年代中叶，新一代先锋建筑师把数字技术与图解概念相结合形成数字图解的建筑设计方法，实现了图解概念的具体操作，而数字图解与算法紧密结合。

这是因为数字图解的操作需要用计算机程序生成形体，程序包含了计算机语言以及算法，算法是一系列按顺序组织在一起的计算操作指令，这些指令内涵了对所要生成的形体的要求及形体的特点的描述，它们共同完成某个特定的形体生成任务。在建筑方案设计过程中，基于对人的使用要求或行为以及对建筑所处环境的影响因素的分析，找到可以与分析结果相对应的基本形体关系，进而用算法（规则系统）描述形体关系、并编写程序，之后进行计算，从而生成建筑设计雏形；[1] 算法表达了目标形体的特点及性质，把设计者对目标形体的要求及期许蕴藏其中。正是在数字图解用于建筑设计时，算法与图解建立起了联系，算法是数字图解设计的内核。

描述算法的方法有多种，常用的有自然语言、结构化流程图、伪代码和 PAD 图等，其中最普遍的是流程图。流程图即算法的指令描述及指令的前后顺序框图，包含从一个初始状态和初始输入开始，经过一系列有限而清晰定义的指令，最终产生输出并停止于一个终态[2]。很明显，算法的指令流程框图具有图解的特性，直观地展示了设计形式生成的控制过程。

生物形态

生物学是自然科学的分支学科，源自博物学，主要研究生物的发生、发展、功能、结构、生物体与环境的关系等[3]。19 世纪生物学主要研究生物的结构和功能问题，后来同自然哲学一

---

1 参见：徐卫国.参数化设计与算法生形.世界建筑.2011 年第 6 期：110-111.
2 参见：百度百科"算法"词条。
3 拉马克（Jean-Baptiste Lamarck）法国博物学家，于 1802 年在其著作《Hydrogéologie》（法语，意为"水文地质学"）中最早提出生物学的概念。

起关注生命的多样化以及不同生命形式之间联系的问题；20 世纪经过了实验生物学、分子生物学、生态与环境科学的发展，生物学进入到系统生物学时期，研究范围涉及环境、心理等领域，它是一门综合性的学科[1]。

本书主要关注生物学有关"生物形态"的概念。对生物形态的研究几乎与生物学的发展同步，在 19 世纪早中期，博物学家们已经在"生物形态多样性与地理分布之间的联系"方面有丰富的论述，洪堡用物理和化学定量分析的方法研究生物形态与其生长环境之间的关系，揭示了自然和生物形态之间的因果关系[2]；在洪堡研究的基础上，地质学的发展使生物形态的研究多了一个层次；居维叶[3]提出"生物在形态上存在'亲缘'关系"，客观上为进化论提供了理论基础；达尔文借取洪堡的地理学研究方法，同时受莱尔[4]的均变论启发，并融入马尔萨斯[5]关于人口学的理论，对生物形态进行深入研究，创造性地提出了基于自然选择的演化论，他于 1859 年出版巨著《物种起源》（on the Origin of Species），至此，生物形态形成的原因已经明确。生物形态是自然选择作用下，生物适应自然的形态，它因地理环境和时间的不同而不同，具有多样性、复杂性特点。同时期，生理学的发展突飞猛进，细胞理论、胚胎学、化学等学科在微观上也证明了达尔文理论的正确性。

20 世纪生物学向着宏观和微观两个方向发展。在宏观方面，发展出生态学和环境科学，提出一系列新的思想如"生态演替的概念"、"种群之间此消彼长的振荡规律"，最终将群落内不同群体之间的关系放在了核心研究的位置，并阐述了种群、群落的形态以及形态形成的原因；在微观方面，发展出分子生物学、生物化学和微生物学。这一时期分子生物学领域取得了最具有划时代意义的成果，即首次描述了 DNA 的双螺旋结构，确定了生物大分子的基本形态[6]；而微生物学在显微镜被发明

---

1 参见百度百科"生物学"词条。
2 洪堡（Alexander Von Humboldt）在生物形态的研究方面做出杰出贡献，其主要著作有《Central-Asien》（中部亚洲）、《Personal Narrative of a Journey to the Equinoctial Regions of the New Continent》（新大陆热带地区旅行记）、《Cosmos》（宇宙），这些著作多是关于植物地理分布的阐述和分析，揭示了自然和生物形态之间的因果关系；但洪堡对生物形态的研究仅基于地理学，并没有加入时间的因素。
3 居维叶（Georges Cuvier）是进化思想的重要先驱之一，他与同时期其他科学家一起创立了比较解剖学和古生物学。
4 莱尔（Charles Lyell）是英国地质学家，均变说的重要论证者。均变论在他的最重要著作《Principles of Geology》（地质学原理）中得以详尽阐述，此观点认为自然形态的形成是长时间积累的结果。达尔文受到这本书的启发而提出了"进化论"。
5 马尔萨斯（Thomas Malthus）是英国人口学家和政治经济学家，他的著作《An Essay on the Principle of Population》（人口学原理）论述了四个思想：(1) 如没有限制，人口数量呈指数增长；(2) 食物供应呈线性增长；(3) 食物增长跟不上人口增长；(4) 自然原因、道德限制、罪恶等能够限制人口的过度增长。这些思想直接影响了达尔文的自然选择学说。
6 沃森（James Dewey Watson）和克里克（Francis Harry Compton Crick）在基于威尔金斯（Maurice Hugh Frederick Wilkins）和富兰克林（Rosalind Elsie Franklin）的研究基础上，在《Natrure》杂志第 171 期（1953 年 4 月 25 日出版）发表了《Molecular Structure of Nucleic Acids: A Structure for Deoxyribose Nucleic Acid》（核酸的分子结构：脱氧核糖核酸之构造），该文首次描述了 DNA 的双螺旋结构，确定了生物大分子的基本形态。

后，在细胞及其群体尺度上研究微小生物，展示了细菌、真菌、藻类等微生物的形态结构、生态分布、进化变异等规律，同样取得丰富的成果。这些生物形态的科学研究成果是基于生物形态的建筑设计研究的前提。

生物形态不仅具有多样性，而且具有某些共同的特征和属性。19 世纪德国科学家施莱登和施旺[1]提出细胞学说，认为动物与植物都是由相同的基本单位"细胞"所组成。生物具有多层次结构模式，相同细胞聚集成群就形成了生物的组织（Tissue）；多种不同的组织可组成器官（Organ）；一起完成任务的多个器官形成系统（System）；不同功能的各个系统构成多细胞生物个体（Biont）；而生物个体又以一定的方式组成群体（或称种群 Population），种群是各种生物在自然界中存在的基本单位，在同一环境中，生活着不同生物的种群，它们彼此之间存在着复杂的关系，共同组成一个生物群落（Biome）；生物群落加上它所在的环境就形成生态系统（Eco-system），如一片沼泽就是一个生态系统；生态系统的更高结构层级便是生物圈（Biosphere）[2]。

进入 21 世纪，生物学及其分支学科在科学、技术、设备和互联网的影响下一方面向纵深方向发展，另一方面，生物学与其他学科交叉发展，形成了众多生物交叉学科。本书研究的目的试图发展生物学与建筑学的交叉，尝试通过数字技术，将生物形态与建筑设计的形式生成相结合，以拓展建筑设计的范围。

生物形态与建筑设计

从细胞到生物圈，生物在各个层级都存在着丰富的生物形态，比如，在植物组织层级，有原生分生组织、次生分生组织、通气薄壁组织、吸收薄壁组织等不同形态的组织，在植物器官层级，有根、茎、脉序、花序等不同形态的器官，这是生物多样性的表现形式，这些生物形态取决于遗传基因以及外部影响，它们经历了漫长的进化过程，因而是相对合理的存在。

在生物学上，对生物形态的研究已有丰富的科学研究成果，比如达西·汤普森早在 1917 年就用解析几何、拓扑学、几何学以及机械物理学方法，论述了生物形态千差万别的原因[3]；数学

---

1 施莱登（Matthias Jakob Schleiden）是德国植物学家，施旺（Theodor Schwann）是德国动物学家。二人于 1838 年至 1839 年间最早提出了"细胞学说"，到 1858 年，细胞学说得以完善。细胞学说论证了生物在结构上的统一性和在进化上的共同起源。
2 参见：百度百科"生物学 生物特征 多层次结构模式"词条。
3 参见：达西·汤普森（D'Arcy Wentworth Thompson）于 1917 年所著的《On Growth and Form》（生长和形态）。

生态学家依维琳•屁诶罗通过数学建模论述了种群动态空间形式[1]；S•鲁宾诺基于线性代数和图论的基本微分方程，阐述了细胞生长、酶促反应、生理示踪、生物流体力学和扩散等生物现象和形态[2]。

建筑设计学者对生物形态的研究并不像上述科学家对其进行的科学探究，建筑研究在某种程度上更具有设计专业的功利性，主要兴趣在于生物形态的形式，比如生物体态、生物形态的内在结构关系、生物形态发生及发展规律、生物动态行为轨迹等，这些生物形态所展示的形式对于建筑设计具有无穷的吸引力，它们为建筑设计提供了丰富的形式创造原型。

建筑历史上的仿生设计案例不胜枚举，赖特称自己的建筑为有机建筑，据说路易斯•沙利文从赫伯特•斯潘塞生物学著作中受到很多启发，沙利文曾把他的斯潘塞生物学著作的抄本传给年轻的赖特[3]，赖特的有机建筑思想得益于斯潘塞生物学观念；西班牙加泰罗尼亚建筑师安东尼•高迪受恩斯特•海克尔宇宙生物论的影响，从海克尔发表的许多关于自然界动植物形态著作（特别是《机体形态概论》）中吸取营养[4]，创造了一系列自然形态结构及装饰的建筑；20世纪80年代布鲁斯•高夫的学生巴特•普林斯在美国新墨西哥州以生物的有机形态为原型创作了一系列的仿生建筑，赤裸裸地展示出生物的体态特征[5]；另一位高夫的学生崔悦君则以自然界万物为研究对象，将其进化过程及内在规律运用于解决建筑问题，发展出进化建筑[6]；奥地利建筑师甘特•杜麦尼格不仅以野兽及生物的形态作为建筑的外观，并以动物内脏形态作为建筑室内造型及装饰[7]；这些建筑设计都是建筑师以生物形态作为原型进行的建筑创造，但是从设计到建造，他们步履艰难，费尽心机。

90年代开始，将计算机技术与建筑设计相结合的数字图解设计方法探索，给生物形态的建筑设计打开了一扇门，基于计算机图形学，程序可以在计算机上生成图形，这样借助于各种复杂几何学如计算几何、微分几何、分形几何等，对复杂的生物形态的模仿可以通过计算来实现，并且同样的计算程序可以

---

1 依维琳•屁诶罗（Evelyn Chrystalla Pielou）著名的统计生态学家，她的主要贡献在于数学生态学、自然系统的数字建模。她所著的《Mathematical Ecology》(数学生态学)，是关于种群动态的书籍，重点讨论了能求出明确数学解的简单模型，比如：一个种群的个体空间排列、多个种群的个体之间的空间关系，以及多种群的组成、种群的多样性、分类和排序等一系列内容。
2 参见：S•鲁宾诺（S. I. Rubinow）著《Introduction to Mathematical Biology》.
3 参见：孔宇航著.非线性有机建筑.北京：中国建筑工业出版社，2012.
4 参见：胡安-爱德多.西罗纳特（1916-1973，巴塞罗那）所著的《高迪建筑设计作品欣赏》(P13高迪的思想来源)，特朗格勒画册出版有限公司，2002.
5 参见：渊上正幸编著，覃力等译.世界建筑师的思想和作品.北京：中国建筑工业出版社，2000：174.
6 参见：进化式建筑.世界建筑导报，2000年03期。
7 a+u February 2002 Special Issue. Herzog & Meuron 1978-2002, Tokyo: a+u Publishing Co, LTD, 2002: 58.

结合设计要求，用以生成建筑设计雏形；进而言之，由计算机生成的设计形体，由于计算机内构筑形态的时候具有基本结构关系逻辑，因而，它也为建筑的实际建造奠定了结构及构造基础。这一新生的设计途径很明显为生物形态的建筑设计提供了一条科学且便捷的道路。

生物形态的数字图解研究

数字图解其实就是通过计算生成形体，如上所述，其核心是算法或称规则系统，算法包含了所要生成的形态的特征的描述，算法决定通过计算生成的形态的结果。因此，建筑设计形体的生成若要借取生物形态，首先需要辨析生物形态的特征，并把这些特征体现在算法中，进而把算法写入程序，通过计算就可生成具有某种生物形态特征的图形作为建筑设计的雏形。对于程序而言，它不仅可以模拟生物形态原型，同样可以根据不同条件生成新的建筑设计形体。

因此，我们对生物形态的计算生形研究主要瞄准了"生物形态算法"研究，并试图通过不同层级的生物形态的逐个算法案例研究，最终建立生物形态算法库。为此，我们研究的方法和过程可概括为，从生物形态的观察记录开始，用语言描述生物形态的特点，用分析图表现其特征，进而建立算法，把算法写入程序，在计算机内运行程序生成模拟的生物形态，并用此程序生成建筑设计形体（图5）。

作为结果，建筑设计形体将可从这一过程中发展而来。

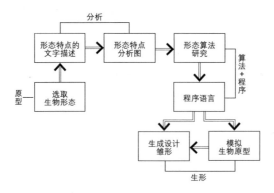

图5　生物形态算法研究及设计运用过程图

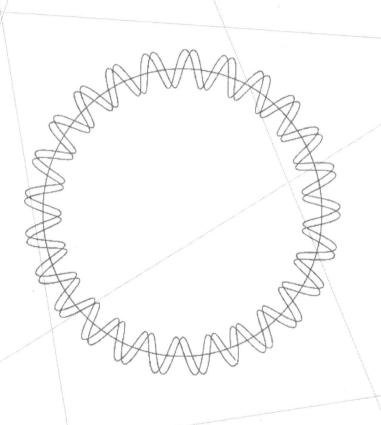

01

DNA形态的
算法程序及数字设计

（一）DNA 的形态及特点

根据细胞生物学的研究，细胞的形成需要通过四级组装，首先由化学元素组装构成生物小分子，比如碱基、葡萄糖、氨基酸等；第二级由生物小分子组装构成生物大分子，比如 DNA（脱氧核糖核酸）、RNA（核糖核酸）、蛋白质、多糖等；第三级由生物大分子组装构成细胞的高级结构，比如染色体、核糖体、细胞膜、微管、微丝、中间纤维等；第四级由细胞的高级结构组装构成细胞器，比如细胞核、内质网、高尔基体、线粒体、叶绿体、核糖体、溶酶体、液泡、中心体等。

DNA 属于生物大分子，它由生物小分子组装而成，包括四种脱氧核糖核苷酸（腺嘌呤、鸟嘌呤、胞嘧啶、胸腺嘧啶），它们按照一定次序构成螺旋双链形态的生物大分子，能够储存遗传信息。

DNA 由三级结构组成，一级结构是一定数量的脱氧核糖核苷酸按照互补对位排列（腺嘌呤只对应胸腺嘧啶、鸟嘌呤只对应胞嘧啶）、经磷酸二酯键连接在一起形成结构单元；二级结构是由一级结构构成的著名双螺旋结构；三级结构是超螺旋结构，即在二级结构基础上形成的双链卷曲。

DNA 的二级结构，即双螺旋结构是 1953 年由沃森和克里克发现，二人发现的 DNA 双螺旋结构是 B-DNA 构象，也就是 DNA 处于生理条件下或者低盐水环境下的构象，这种构象使 DNA 处于能量最低的状态，结构最稳定，是一个理想的状态。除此之外，DNA 还有多种构象如 A-DNA、C-DNA、D-DNA、E-DNA、T-DNA、Z-DNA 等，但是这些构象均以双螺旋结构为基础。

B-DNA 双螺旋结构由四种生物小分子碱基配对形成（A 腺嘌呤与 T 胸腺嘧啶配对，G 鸟嘌呤与 C 胞嘧啶配对），其中一条螺旋的碱基序列一旦确定，另一条也就相应地确定了。四种碱基两两配对，组成稳定的双螺旋结构，它可以标记为右手双螺旋结构。

因为现有科学技术并没有实际观察到 DNA 的双螺旋结构，所以这一构象是理论推测的结果，碱基对之间的间距为 0.34nm，螺距 3.4nm，每 10 个碱基对旋转一周 360°。

图 1.1 给出的是由几股 DNA 大分子拧成的"绳子"[1]，左侧图示意在两个纳米柱上的"绳子"，右侧图示意"绳子细部"，右下角的图可以看出超螺旋结构。

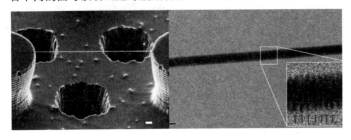

图 1.1　DNA 电子显微图

通过 DNA 空间结构的模型可以看到，DNA 的双螺旋结构形成两条"沟"——"大沟"和"小沟"，双螺旋是由嘌呤和嘧啶按照互补的规则组合而成，嘌呤和嘧啶是由氢、氧、氮、碳、磷等元素组成（图 1.2）。

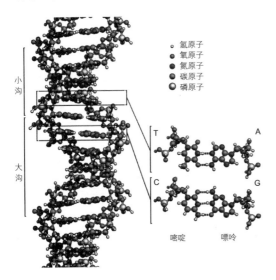

图 1.2　DNA 结构示意图

DNA 三级结构是在二级结构的基础上继续缠绕、旋转而形成的超螺旋结构，如图 1.3 所示，DNA 三级结构是单条长链的超螺旋结构。

1　该形态是意大利热那亚大学法布里奇奥（Enzo Di Fabrizio）教授观测到的。参见：Monica Marini, Andrea Falqui, Manola Moretti, Tania Limongi, Marco Allione, Alessandro Genovese, Sergei Lopatin, Luca Tirinato, Gobind Das, Bruno Torre, Andrea Giugni, Francesco Gentile, Patrizio Candeloro and Enzo Di Fabrizio, The Structure of DNA by Direct Imaging, Science Advances, 28 Aug 2015: Vol. 1, No. 7.

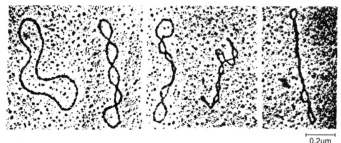

0.2μm

图 1.3 二倍体 DNA 不同超螺旋形态的电子显微图

（二）DNA 形态分析图

如上所述，DNA 的形态分为二级结构和三级结构两种相关联的形态，二级结构形态是双螺旋的形态（图 1.4 的左图），在此形态的基础上，双螺旋链不断地变化，组成不同形态的螺旋空间片段，最简单抽象的空间片段是没有形成圆环的链条和自相交叉的形态（图 1.4 的中间图），在螺旋空间片段的基础上形成超螺旋，超螺旋最小单元可以简化成单环和多环两个拓扑形态（图 1.4 的右图）。

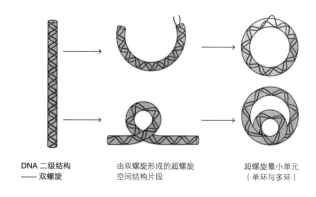

DNA 二级结构
—— 双螺旋

由双螺旋形成的超螺旋
空间结构片段

超螺旋最小单元
（单环与多环）

图 1.4 DNA 二级结构和三级结构形态分析图

（三）DNA 形态的算法研究

从上述分析可以看出，研究 DNA 形态算法可以研究螺旋线的算法，可基于螺旋线将螺旋线形成的链进行变形，形成超螺旋结构。螺旋线可以基于一条曲线而生成，首先将曲线分成若干等份，在等分点处做出直线；第二步旋转直线，将旋转后的直线远端点提取出来；第三步将远端点分组，每组内的点连线而形成多个螺旋线。如果生成初始螺旋线所沿的曲线是直线，则生成的形体与 DNA 二级结构相似；如果生成初始螺旋线为空间曲线，则生成的形体与三级结构相似。

如此，用螺旋线算法进行形态生成的流程可见图 1.5。

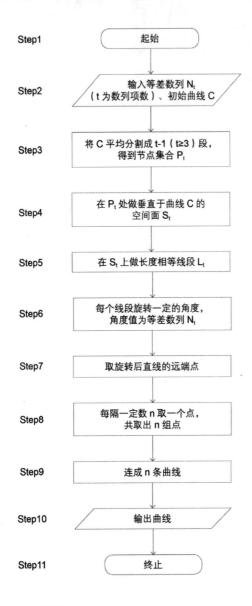

Step1	起始
Step2	输入等差数列 N_t（t 为数列项数）、初始曲线 C
Step3	将 C 平均分割成 t-1（t≥3）段，得到节点集合 P_t
Step4	在 P_t 处做垂直于曲线 C 的空间面 S_t
Step5	在 S_t 上做长度相等线段 L_t
Step6	每个线段旋转一定的角度，角度值为等差数列 N_t
Step7	取旋转后直线的远端点
Step8	每隔一定数 n 取一个点，共取出 n 组点
Step9	连成 n 条曲线
Step10	输出曲线
Step11	终止

图 1.5 算法程序框图 1——DNA 形态的算法框图

N_t：输入的等差数列；
C：螺旋线经过的中心轴；
P_t：分曲线 C 后得到的点集合；
S_t：以 P_t 为基准点，垂直于 C 的空间面；
L_t：以 P_t 为基准点，在 S_t 上做出的等长直线。

在此流程图中，Step2 的 C 为螺旋线经过的中心轴，等差数列是 Step7 中螺旋线上每一个控制点围绕 C 的旋转值。

Step3~7 是在 C 上分隔出若干点来后，生成线段，旋转线段并取其远端点即可得到曲线控制点。如果 C 为竖直的直线且均分的点等距，则形成的螺旋线为螺旋坡道曲线。空间曲线都具有在自身某一点处的切线（在该点处垂直于曲线的面的 Z 方向），在该点处垂直于曲线的面的 X、Y 方向参数。Step4 中提取的是上述这些参数。

Step8 中每隔整数 n 取一个点是将 Step7 中的点阵分为 n 组。假设 Step7 中一共生成 100 个点，n=5，则第 0、5、10、15……95 点一组，第 1、6、11、16……96 点一组，以此类推，一共五组点。

Step9 中由点而生成曲线，有多段线（Polyline）、插值样条曲线（Interpolate）、非均匀有理 B 样条曲线（NURBS Curve）三种形式可以将点转化为线。

（四）DNA 形态的算法程序

如果单纯考虑模拟生物大分子二级结构的形态，即算法 Step2 中输入的曲线 C 为垂直方向的直线，则可以生成与生物大分子二级结构、三级结构形态相关的形体。将此简略算法用 Python 语言写入并进行生形实验，可以得到类似于生物大分子二级结构形态的曲线。

下面是实现该算法的 Python 语言源代码，程序中可以改变的参数包括输入端的曲线（算法 Step2 中的 C，程序中的 crv，该曲线也可以是螺旋线，这样就对算法进行了两次迭代实现）、形成曲线的条数（算法 Step8 中的 n，程序中的 N，每隔 N 个点取一个点）、分割曲线的段数（算法 Step3 中分割曲线的段数，程序中 DivN）、旋转的角度（算法 Step2 中的等差数列 N_t，程序中的 Angle，Angle 的取值是数的集合，数值之间关系决定了旋转角度之间关系，也决定了生成的形体）、形成螺旋线的投影半径（算法 Step5 中的线段长度，程序中的 Length，生成基本螺旋线要求该值固定或者随机，无数学方程影响）等，改变这些参数可以形成不同的形体。

```
import rhinoscriptsyntax as rs   # 引入 rhinoscriptsyntax 模块。
dividenumber = DivN
n = N   # 定义曲线条数以及取点的间隔数。
angle = Angle   # 定义每条直线旋转的角度。
length = Length   # 定义每条直线的长度。
planes = []
pointoriginals = []
end_points = []
points_for_select = []
lines = []   # 建立一系列空集合。
```

```
if crv:   # 由外部引入曲线，本案例取的是竖直的直线。
    normalized = rs.CurveParameter(crv,1)   # 将直线的长度参数固定。
    for i in range(dividenumber):   # 将直线分成 100 份，实现算法中的 Step3。
        plane = rs.CurvePerpFrame(crv, i/(dividenumber-1)*normalized)   # 在均分点上
做垂直于直线的面，实现算法中的 Step4。
        plane1 = rs.CurveFrame(crv, i/(dividenumber-1)*normalized)
        planes.append(plane)   # 生成的面加入空的集合。
        pointoriginal = rs.AddPoint(plane.Origin.X,plane.Origin.Y,plane.Origin.Z)   # 提
取生成面的中心点。
        pointoriginals.append(pointoriginal)   # 生成的面的中心点加入空的集合。
        pointend = rs.AddPoint(plane.Origin.X+length*plane1.ZAxis.X,plane.Origin.
Y+length*plane1.ZAxis.Y,plane.Origin.Z+length*plane1.ZAxis.Z)   # 取直线的远端点。
        end_points.append(pointend)   # 将远端点加入空的集合。
        original_line = rs.AddLine(pointoriginal,pointend)   # 生成直线，实现算法中的
Step5。
        line = rs.RotateObject(original_line,pointoriginal,angle*i,plane.ZAxis)   # 旋转直
线，模拟算法中的 Step6。
        lines.append(original_line)   # 旋转后的直线加入空的集合。
        point_for_select = rs.CurveEndPoint(line)   # 取直线的远端点，实现算法中的
Step7。
        points_for_select.append(point_for_select)   # 将直线的远端点加入空的集合。
curves=[]   # 建立一个空集合，后续加入形成的曲线。
for i in range(n):
    polyline=rs.AddInterpCurve(points_for_select[i::n])   # 形成 1 条曲线，实现算法中
的 Step9。
    curves.append(polyline)   # 将生成的曲线加入空的集合。
```

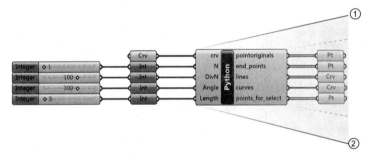

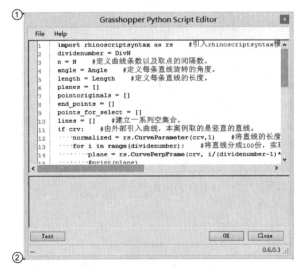

图 1.6　程序图片

（五）DNA 形态的原型模拟

图 1.7 是对 DNA 形态的原型模拟，生形的参数组合为：N=2，DivN=100，Length=3，Angle 的取值分两个集合，第一个集合是 [0，300，600……]，第二个集合是 [75，375，675……]，以使两条螺旋线形成"大沟"和"小沟"。图中生成的不同形体是因为输入的原始曲线不一样，其他的参数全部一致。

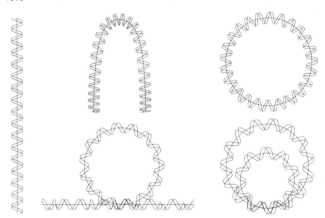

图 1.7 与 DNA 二级结构和三级结构形态相关的形体

（六）其他形体的生成

如果输入的曲线、分隔曲线的份数、旋转的角度、生成线偏移原始曲线的距离等参数采用不同的值，结果生成的形体也会多样化。

图 1.8 中的形体生成的参数组合为：N=1，DivN=100，Length 在 1 到 2 的区域内随机取值，Angle 的取值在一个等差数列的基础上加入部分等值数值，使程序中的 line 能够不旋转。

图 1.8 DNA 形态算法程序生成的其他形体

图 1.9 中两个形体（中间图和右侧图）是两次利用算法生成并加工而成，第一次是在纵向轴的基础上控制曲线上点阵的空间坐标值而生成初步螺旋线形体（左侧图）；第二次是在第一次生成的螺旋线的基础上对螺旋线进行第二次"加工"，生成的单螺旋和双螺旋（N=1 和 N=2），是对第一次生成的螺旋

线进行的"包裹"。

图 1.9　DNA 形态算法程序生成的其他形体

图 1.10 的形体是曲线控制点的空间位置依据一个原始输入的轴对称展开，其中参数 N=2、Length 的取值依据原始输入的曲面来取值。

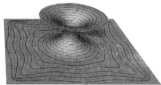

图 1.10　DNA 形态算法程序生成的其他形体

图 1.11 中的形体是在 Length 加了一个随机的函数且 N=3 时形成的形体，左侧图是生成的线组合，中间图是线组合放样成曲面后切掉圆平面下部的部分而形成的，右侧图是在中间图的基础上用 Weavebird 软件[1] 加工而来。

图 1.11　DNA 形态算法程序生成的其他形体

（七）建筑形体的生成

这里以一个景观售卖亭为例，说明 DNA 形态算法在建筑设计上的运用。

如图 1.12 所示，a 图为按照算法生成的基本的二级结构螺旋线；b 图是螺旋线的变形，即将轴以下的线翻转到轴以上，在生成直线的远端点的 y 值上加了一个绝对值函数，使轴位于所有线的最低点；c 图为两个螺旋链通过折叠镜像而形成的形体；

1　Weavebird 是 Grasshopper 的插件，擅长处理 Mesh 面。

d 图是在折叠镜像形体的基础上形成"三级结构氢键[1]（上部的灰色线）"，使两个螺旋链能够连成一体（由此形成的建筑形体透视图见图 1.13~ 图 1.15）。

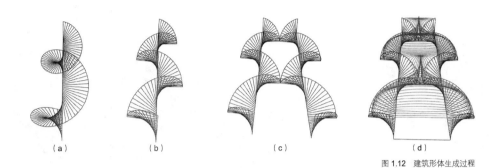

（a）　　　　（b）　　　　（c）　　　　（d）

图 1.12　建筑形体生成过程

图 1.13　建筑形体透视图

图 1.14　建筑形体透视图

1　DNA 三级结构主要是靠氨基酸侧链之间的疏水相互作用 —— 氢键、范德华力和静电作用维持的（参见：互动百科"DNA"词条）。

23

图 1.15　建筑形体透视图

（八）DNA 形态算法特点

该算法要解决的核心问题是如何利用数的集合（即算法中 Step2 输入的数集合），通过一系列的变换以形成复杂的空间线形体及其组合。

此算法适用于以杆件组成的空间形体或者以带状、管状单元的缠绕而组成的空间形体及平面形体的生成设计，二维三维设计均可以采用，既可以生成大空间尺度的建筑形体，也可以用在小尺度的园林小品设计上。

利用此算法进行生形时，需要注意参数的选择，尤其是程序中的 Angle、Length 参数，如果随机性较大或者参数变化剧烈，会出现形体自交的现象，很多自交的形体不适合作为建筑形体。另外，对原始曲线进行分割的段数（DivN 参数）宜多，这样后续生成的曲线与 Angle 的结合更加紧密。用该算法生成了雏形后，还需要后续深化设计，比如进行"修补"处理，即在参数 N 的影响下，生成 N 条曲线，通过"放样"而形成曲面（图 1.11），从而进一步增加空间感，满足建筑的功能和结构需求。

02

细胞骨架形态的
算法程序及数字设计

（一）细胞骨架的形态及特点

细胞骨架（Cytoskeleton）是指真核细胞中的蛋白纤维网络结构，能维持细胞基本形态，参与多项生命活动[1]，属于细胞的第三级组装形成的高级结构。以植物的根冠细胞为例，其细胞中的细胞骨架在调控重力性反应早期的信号感受和传导作用起了重要作用[2]，细胞骨架由曲线状的微管、微丝、中间纤维以及球状的质粒组成。随着生存环境条件的变化，细胞骨架具有调节机制，其质粒感知重力并将信息传递给微管、微丝及中间纤维，可使细胞骨架形态顺应重力的方向，这样植物的根能够顺利地向下生长。细胞骨架形态特点是：微管、微丝及中间纤维均向重力方向生长并在生长过程中扭弯；在生长的同时它们发生融合及分离，这样细胞骨架在垂直于重力方向的截面不断产生变化；当在生长区域内存在若干"障碍物"或者"排斥力"时，细胞骨架中会出现"中空"。

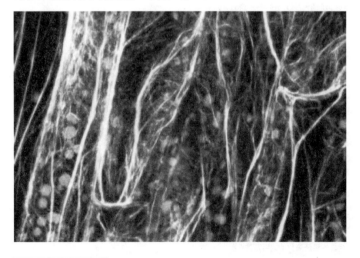

图 2.1　细胞骨架的形态

1　参见：百度百科"细胞骨架"词条。
2　参见：郑世英，曾强成，刘洪玲．微重力变化对植物细胞骨架的影响研究．现代农业科技，2010[3]:19　以　及 American Journal of Botany. "How plants sense gravity: New look at the roles of genetics and the cytoskeleton." ScienceDaily. ScienceDaily, 4 February 2013. <www.sciencedaily.com/releases/2013/02/130204154008.htm>.

（二）细胞骨架形态的分析图

图 2.2 中从左至右的细胞骨架形态分析图对应细胞骨架五个形态特点：（a）向重力方向生长；（b）细胞骨架单元在生长的过程中出现弯曲；（c）细胞骨架单元出现融合和分离；（d）垂直于重力方向的截面不断变化；（e）生长区域内出现"障碍物"或"排斥力"，细胞骨架出现"中空"。

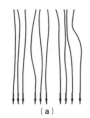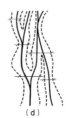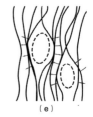

（a）　　　　　　（b）　　　　　　（c）　　　　　　（d）　　　　　（e）

图 2.2　植物根冠细胞骨架形态分析图

（三）细胞骨架形态的算法研究

按照上述细胞骨架的生长形态特点，可以分步模拟并实现细胞骨架的形态生成，细胞骨架算法生成的流程如图 2.3 所示。

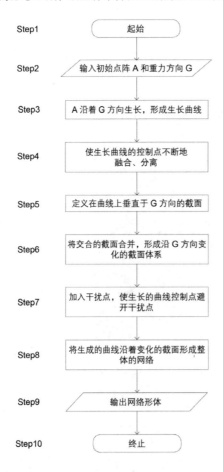

A：算法生形依据的初始点阵，一般是平面点阵；

G：生形过程中形体生长的方向

图 2.3　算法程序框图 2——细胞骨架形态的算法框图

Step2 中初始点阵是细胞骨架曲线生长的原点，重力 G 的方向是总体生长的方向。

Step4 对应于形态特点 c，即曲线的控制点不断地融合、分离，形成多样化的空间曲线网络。

Step5、6 对应形态特点 d，即沿 G 方向出现不断变化的截面。

Step7 对应形态特点 e，出现"障碍物"或"排斥力"，使空间曲线网络出现"中空"。

（四）细胞骨架形态的算法程序

上述算法生成的流程框图可以通过 Grasshopper 及 Python 程序实现形态生成（该程序的完整源代码从略）。图 2.4 表现了该程序源代码与细胞骨架形态分析图的对应。

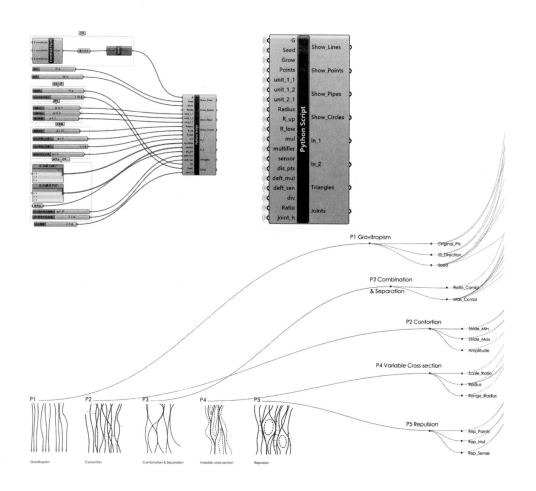

图 2.4　程序、形态分析图与源代码的对应关系（一）

29

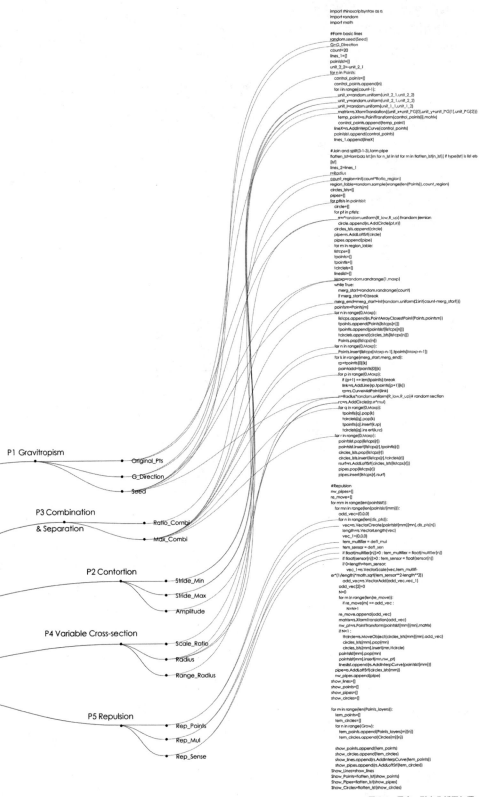

```
import rhinoscriptsyntax as rs
import random
import math

#Form basic lines
random.seed(Seed)
G=G_Direction
count=20
lines_1=[]
pointslst=[]
unit_2_2=unit_2_1
for n in Points:
    control_points=[]
    control_points.append(n)
    for i in range(count-1):
        unit_x=random.uniform(unit_2_1,unit_2_2)
        unit_y=random.uniform(unit_1_1,unit_2_2)
        unit_z=random.uniform(unit_1_1,unit_1_2)
        matrix=rs.XformTranslation((unit_x+unit_1*G[0],unit_y+unit_1*G[1],unit_z+unit_1*G[2]))
        temp_point=rs.PointTransform(control_points[i],matrix)
        control_points.append(temp_point)
    lineX=rs.AddInterpCurve(control_points)
    pointslst.append(control_points)
    lines_1.append(lineX)

# Join and split(3-1-3) form pipe
flatten_lst=lambda lst:[m for n_lst in lst for m in flatten_lst(n_lst)] if type(lst) is list els
[lst]
lines_2=lines_1
r=Radius
count_region=int(count*Ratio_region)
region_lable=random.sample(wrange(len(Points),count_region)
circles_lsts=[]
pipes=[]
for pflst in pointslst:
    circle=[]
    for pt in pflst:
        rr=random.uniform(R_low,R_up) #random jiemian
        circle.append(rs.AddCircle(pt,rr))
    circles_lsts.append(circle)
    pipe=rs.AddLoftSrf(circle)
    pipes.append(pipe)
for m in region_lable:
    lstcps=[]
    tpoints=[]
    tcircels=[]
    lineslst=[]
    Maxp=random.randrange(1,maxp)
    while True:
        merg_start=random.randrange(count)
        if merg_start!=0:break
    merg_end=merg_start+int(random.uniform(2,int(count-merg_start)))
    pointsm=Points[m]
    for n in range(0,Maxp):
        lstcps.append(rs.PointArrayClosestPoint(Points,pointsm))
        tpoints.append(Points[lstcps[n]])
        tpoints.append(pointslst[lstcps[n]])
        tcircels.append(circles_lsts[lstcps[n]])
        Points.pop(lstcps[n])
    for n in range(0,Maxp):
        Points.insert(lstcps[Maxp-n-1],tpoints[Maxp-n-1])
    for k in range(merg_start,merg_end):
        rp=tpoints[0][k]
        pointadd=tpoints[0][k]
        for p in range(0,Maxp):
            if (p+1) == len(tpoints):break
            link=rs.AddLine(rp,tpoints[p+1][k])
            rp=rs.CurveMidPoint(link)
        rr=Radius*random.uniform(R_low,R_up) # random section
        rc=rs.AddCircle(rp,n*mul)
        for q in range(0,Maxp):
            tpoints[q].pop(k)
            tcircels[q].pop(k)
            tpoints[q].insert(k,rp)
            tcircels[q].ins ert(k,rc)
    for r in range(0,Maxp):
        pointslst.pop(lstcps[r])
        pointslst.insert(lstcps[r],tpoints[r])
        circles_lsts.pop(lstcps[r])
        circles_lsts.insert(lstcps[r],tcircels[r])
        nsurf=rs.AddLoftSrf(circles_lsts[lstcps[r]])
        pipes.pop(lstcps[r])
        pipes.insert(lstcps[r],nsurf)

#Repulsion
nw_pipes=[]
re_move=[]
for mm in range(len(pointslst)):
    for mn in range(len(pointslst[mm])):
        add_vec=(0,0,0)
        for n in range(len(dis_pts)):
            vec=rs.VectorCreate(pointslst[mm][mn],dis_pts[n])
            length=rs.VectorLength(vec)
            vec_1=(0,0,0)
            tem_multiler = defl_mul
            tem_sensor = defl_sen
            if float(multiler[n])>0 : tem_multiler = float(multiler[n])
            if float(sensor[n])>0 : tem_sensor = float(sensor[n])
            if 0<length<tem_sensor:
                vec_1=rs.VectorScale(vec,tem_multil-
er*(1/length)*math.sqrt(tem_sensor**2-length**2))
            add_vec=rs.VectorAdd(add_vec,vec_1)
        add_vec[2]=0
        N=0
        for m in range(len(re_move)):
            if re_move[m] == add_vec :
                N=N+1
        re_move.append(add_vec)
        matrix=rs.XformTranslation(add_vec)
        nw_pt=rs.PointTransform(pointslst[mm][mn],matrix)
        if N<1 :
            ttcircle=rs.MoveObject(circles_lsts[mm][mn],add_vec)
            circles_lsts[mm].pop(mn)
            circles_lsts[mm].insert(mn,ttcircle)
        pointslst[mm].pop(mn)
        pointslst[mm].insert(mn,nw_pt)
    lineslst.append(rs.AddInterpCurve(pointslst[mm]))
    pipe=rs.AddLoftSrf(circles_lsts[mm])
    nw_pipes.append(pipe)
show_lines=[]
show_points=[]
show_pipes=[]
show_circles=[]

for m in range(len(Points_layers)):
    tem_points=[]
    tem_circles=[]
    for n in range(Grow):
        tem_points.append(Points_layers[m][n])
        tem_circles.append(Circles[m][n])

    show_points.append(tem_points)
    show_circles.append(tem_circles)
    show_lines.append(rs.AddInterpCurve(tem_points))
    show_pipes.append(rs.AddLoftSrf(tem_circles))
Show_Lines=show_lines
Show_Points=flatten_lst(show_points)
Show_Pipes=flatten_lst(show_pipes)
Show_Circles=flatten_lst(show_circles)
```

P1 Gravitropism
- Original_Pts
- G_Direction
- Seed

P3 Combination
& Separation
- Ratio_Combi
- Max_Combi

P2 Contortion
- Stride_Min
- Stride_Max
- Amplitude

P4 Variable Cross-section
- Scale_Ratio
- Radius
- Range_Radius

P5 Repulsion
- Rep_Points
- Rep_Mul
- Rep_Sense

图 2.4　程序、形态分析图与源
代码的对应关系（二）

30

（五）细胞骨架形态的原型模拟

按照算法框图，首先输入的是点阵和重力方向，使点阵沿着重力方向生长，对应的是框图中的 Step2、3（见图 2.5 中的左侧图），生长的曲线控制点进行融合、分离后，就会出现如图 2.5 中间图和右侧图的形态，对应算法框图中的 Step4。

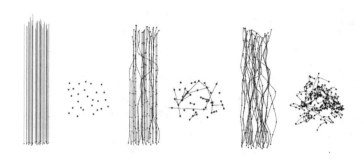

图 2.5　细胞骨架形态原型模拟步骤一

接下来按照 Step5 来定义垂直于重力方向的截面（见图 2.6 中的左侧图），按照 Step6 将截面融合（中间图），最后按照 Step7 定义干扰点并避开，形成细胞骨架形态原型（右侧图）。

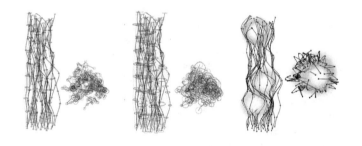

图 2.6　细胞骨架形态原型模拟步骤二

（六）其他形体的生成

影响此算法生形的参数包括：

a. 算法 Step2 中初始输入的点阵（程序中的默认是零点开始）、初始设定的重力的方向（程序中的 G 参数）。

b. 随机种子（算法 Step4、Step6 变形的随机发生数和最大随机数，程序中的 Seed 参数）。

c. 变形参数：算法 Step4 中连接和分离发生的距离（程序中的 div、Ratio 参数）、曲线发生扭曲的量（程序中的 Amplitude 参数，可分为最小步幅：unit_1_1 参数、最大步幅：unit_1_2 参数、摆动程度：unit_2_1 参数）、Step6 中截面形式、大小、变形（程序中是圆形截面，提供圆半径 Radius 参数和结合后的放大参数 mul）、生长的时间（程序默认迭代 30 次）。

d. 算法 Step7 中排斥点的参数（排斥点的排斥力的范围是程序中的 deft_sen 参数，斥力大小时程序中的 deft_mul 参数）。

改变这些参数可以得到不同的形态。

图 2.7、图 2.8 中的形体是在锁定某些参数的情况下（初始点阵、重力方向、随机种子），改变另外的一些参数（主要是上述 c 类变形参数和 d 类排斥点的参数）而引起的形体变化，形体下部的坐标系示意固定的参数组不同。

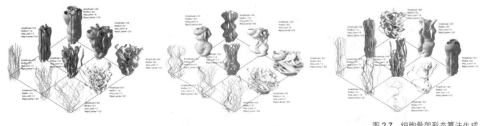

图 2.7　细胞骨架形态算法生成的多样形体

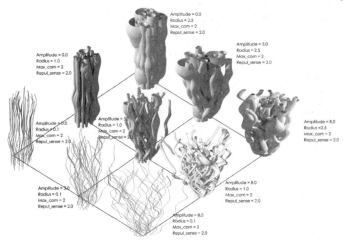

图 2.8　其中的一组多样形体

（七）建筑形体的生成

这里以某建筑中庭的装置构筑物为例，阐述细胞骨架形态算法在设计上的运用。首先利用程序生成空间线组，并赋予同样的截面，形成基本骨架体系。之后在骨架之间拉结更细的线组，这样构成整体的空间"线"系统（图 2.9、图 2.10）。

图 2.9　骨架体系及线组

图 2.10　中庭装置构筑物模型及
透视图

33

（八）细胞骨架形态算法特点

细胞骨架形态算法是通过初始的点阵和方向来生成复杂的空间线组，在线组"生长"的过程中应该让其产生连接、分离、截面变化、摆动、排斥等形变，这样就可生成复杂的空间形体。

该算法适用于生成三维曲线组成的空间复杂形体，可对参数进行较大差别的输入，同时参数之间体现较大的随机性，这样生成的形体将会产生差异性；在运用过程中，如果参数选择不当，截面的变化会出现自交，这时可将程序中截面半径、曲线发生扭曲的量两个参数的数值变小，或者在自交面的基础上，在 Rhinoceros 软件中进行 SolidUnion 命令操作，提取形体的外廓面作为设计；该算法生成的形体已具备了设计形体的结构性，因而可用作基本的设计雏形。

该算法具有进一步拓展的潜能，比如可将截面形式改为不规则的平面或空间曲线；再如对重力方向进行改变，使细胞骨架沿着一个轨迹生长，那么，这一算法便可用于生成更多样化的形体。

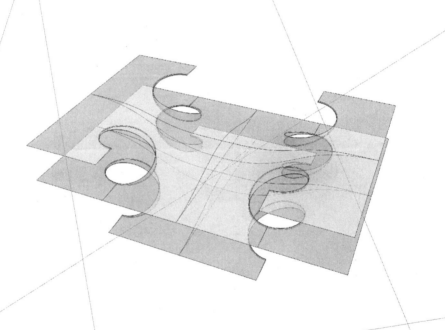

03
寺崎坡道形态的
算法程序及数字设计

（一）寺崎坡道的形态及特点

细胞内蛋白质的合成在糙面内质网中进行，糙面内质网由层层堆叠的网状组织及螺旋状的扁平膜管构成，它们彼此相通形成一个隔离于细胞基质的管道系统，它把合成的蛋白质大分子从细胞输送出去或在细胞内转运到其他部位。螺旋状的扁平膜管像坡道一样连接内质网状组织，这一特点首先由马克·寺崎（Mark Terasaki）发现并阐述[1]，因此，称其为寺崎坡道（Terasaki Ramps）。

糙面内质网就好像由层层平行的平面堆叠而成，相邻层之间通过"虫洞"连接，这种"虫洞"是一种特殊形式的坡道，即寺崎坡道。糙面内质网的寺崎坡道是成对出现的，互相之间呈现镜像螺旋的形态[2]。

图 3.1 中的左侧图是内质网的显微形态；中间图是内质网的抽象形态；右侧图是糙面内质网的层间的寺崎坡道形态（3D打印模型）。

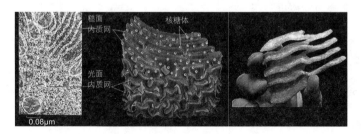

图 3.1　内质网及寺崎坡道形态

1　这种坡道最初是在《Cell》杂志的 2013 年第 154 卷 02 期的 285 至 296 页的一篇文章《堆叠的内质网表面由螺旋状的膜形体连接》（Stacked Endoplasmic Reticulum Sheets Are Connected by Helicoidal Membrane Motifs）中予以阐明。
2　美国加利福尼亚大学的圣巴巴拉分校（Santa Barbara, University of California）的一个研究小组（组内成员：Jemal Guven、Greg Huber、Dulce María Valencia）把这种复杂的坡道形式用数学的方法描述了出来，撰写了《糙面内质网的寺崎坡道：补充材料》（Terasaki Spiral Ramps in the Rough Endoplasmic Reticulum: Supplemental Material）这篇文章，发表在 2014 年 10 月 31 日的《物理评论快报》（Physical Review Letter）期刊上。

（二）寺崎坡道形态的分析图

在《糙面内质网的寺崎坡道：补充材料》中，作者们给出了寺崎坡道形态的分析图。图 3.2 中左侧图是对偶出现的双极子坡道形态分析图，右侧图是四极子坡道形态分析图。

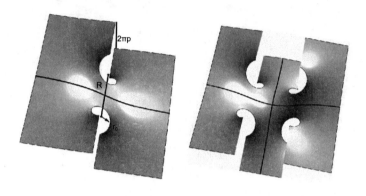

图 3.2　寺崎坡道形态分析图

（三）寺崎坡道形态的算法研究

在《糙面内质网的寺崎坡道：补充材料》中，作者们还给出了在极端理想条件下坡道不同点距离基础面的高度计算公式：

$$\tan h/p = -(4r^2/R^2 \cdot \cos2\theta)/(16\,r^4/R^4 - 1)$$

此方程中 h 为坡道曲线上的点距离基础面的高度，p 为常数，r 为坡道的内径、R 为坡道之间的距离，θ 为围绕坡道中心轴旋转的角度。

本书为了研究寺崎坡道的基本形态，对上述方程的一些参数进行了简化，简化后的方程可改写成为：

$$h = c \cdot \arctan(\cos2\theta)$$

其中 h 为坡道曲线上的点的高度，c 为常数，θ 为围绕坡道中心轴旋转的角度。

加入坡道曲线上的点的 x 和 y 的坐标值，可得到此坡道曲线控制点的计算方程为：

```
curve(points);
points(x,y,z);
x = r·cos(nθ);
y = r·sin(nθ);
z = c·arctan(cos2θ)（n 为自然数）。
```

基于此，寺崎坡道曲线形态的算法流程见图 3.3。

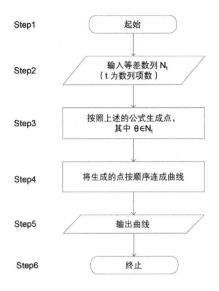

Step1	起始
Step2	输入等差数列 N_t （t 为数列项数）
Step3	按照上述的公式生成点， 其中 θ∈N_t
Step4	将生成的点按顺序连成曲线
Step5	输出曲线
Step6	终止

N_t：等差数列（t 为项数）；
θ：上述公式中的角度

图 3.3 算法程序框图 3——寺崎坡道曲线形态的算法框图

在此流程图中，Step2 的 t 值是点的数量值，t 值越大则 Step4 中生成的曲线越精确。

Step3 中生成的点在空间中的排列形态以及 Step4 中生成的曲线的空间形态主要受两个参数控制，一个是 x、y 坐标方程中的自然数 n；另一个是 z 坐标方程中的 2（也可以是其他的自然数）。这两个数字影响着生成点以及曲线的旋转周期，周期不同则结果不同，详见后文。

（四）寺崎坡道形态的算法程序

按照算法生成框图，用 Python 语言，可以得到生成寺崎坡道形态的程序。其源代码如下：

```
import rhinoscriptsyntax as rs
import math
points=[]
for i in range(181):      #此处的 181 代表要建立 181 个点，因组成坡道的首尾两点在不
同的高度，空间上不重合，所以如果要组成平面上完整的一个圆形坡道，需要多出来一个点。( 此
坡道的建立是 i 每增加 1，角度旋转 2°，将圆形分为 180 份，共需 181 个点 )
    u=(i*math.pi)/360      #i 每增加 1，角度旋转 0.5°。
    h=math.atan(math.cos(2*u))   # 高度的计算方法。
     point=rs.AddPoint(math.cos(4*u),math.sin(4*u),h)    # 随着 i 每增加 1，角度旋转
0.5°*4=2°。
    points.append(point)    #将建立的点归入空的集合。
    Curve=rs.AddCurve(points[::])   # 利用点形成曲线。
```

上述 Python 语言中，h=math.atan(math.cos(2*u)) 中余弦函数角度周期缩短 1/2（即方程中 θ 前面的 "2"）是为了满足和寺崎坡道原著作的方程一致，但由此也会带来一些程序上的烦冗，比如为了迎合这个周期的变化而把 u 值在 u=(i*math.pi)/360 中规定了角度旋转 0.5°，而在后文的 point=rs.

AddPoint(math.cos(4*u),math.sin(4*u),h) 中又乘以 4,角度旋转 2°,以满足总共旋转 360° 的要求。基于此,本书后文用此算法进行生形设计中只将 x、y 坐标生成方程中的自然数和 z 坐标方程的自然数做对比,不特殊强调 z 坐标的余弦函数角度周期。

（五）寺崎坡道形态的原型模拟

将上述 Python 语言写入 Grasshopper 的 Python 运算器,定义输出端为 points 和 Curve,便可以生成基本的寺崎坡道曲线。

图 3.4 中的左图为寺崎坡道曲线,共旋转 360°,右图是寺崎坡道曲线和传统螺旋坡道曲线的立面对比,两条曲线均旋转 360°,由此可见寺崎坡道曲线与上下层的线是平滑连接的,而传统坡道曲线则是突变连接。这说明了生物形体和人造形体的不同,生物形体体现的是复杂性,坡道中每个点的切线与平面夹角均不同,以此形成的曲线对不同层之间光滑的连接,这样的形体在生物物理学上有着重要的意义,即生物自身以"渐变"而非"突变"的形态适应周围环境,达到受力的平衡态。

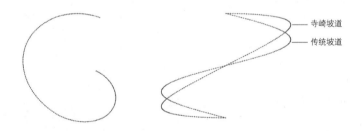

———— 寺崎坡道
———— 传统坡道

图 3.4　寺崎坡道曲线

将寺崎坡道曲线进行处理,补充周围的平面,可以生成与图 3.2 相一致的形体,如图 3.5 所示。

图 3.5　模拟生成的寺崎坡道原型

（六）其他形体的生成

由上面的论述可知，影响该算法和程序生形的参数是 i 的范围（即坡道曲线总共旋转的度数）、每次 i 增加 1° 时旋转的角度（u）、点生成方程（包括 h=math.atan(math.cos(2*u)) 和 point=rs.AddPoint(math.cos(4*u),math.sin(4*u),h) 中 u 前面的常数和点生成方程本身）。

将生成点的方程改写为 point=rs.AddPoint(100*math.cos(4*u)*math.sin(100*u), 1000*h,100*math.sin(4*u)*math.cos(100*u))，便可以生成图 3.6 中左侧图的曲线及形体，在此形体上继续错位搭接，可以生成中间图和右侧图的具有渐变特点的形体。

图 3.6　寺崎坡道形态算法生成的其他形体

改变点的 x、y 参数，可生成螺旋状的形体见图 3.7，图中的形体均是两个镜像的寺崎坡道连接而成，连接处是平滑的（总共旋转 720°）。

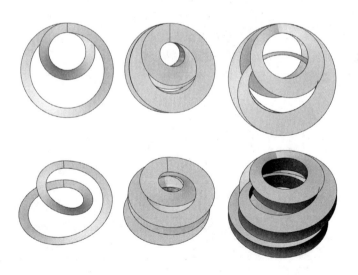

图 3.7　寺崎坡道形态算法生成的其他形体

也可以旋转角度改变，生成不同形态的对上下层空间的连接体（图 3.8）。

不同旋转角度的寺崎坡道（从左至右依次为：90°、120°、180°、360°）

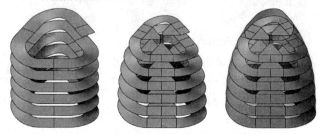

以 120° 旋转角度的寺崎坡道为原型所生成的形体

图 3.8　寺崎坡道形态算法生成
的其他形体

（七）建筑形体的生成

以迪拜"城市之门"的标志性建筑设计竞赛项目为例来说明寺崎坡道形态算法用于生成建筑形体。

该建筑形体分为水上和水下两部分，是一个相互连通的"管子"，"管子"里有游览车做环形的运动，使人们能够在不同的高度欣赏迪拜的城市风景并参观水下的展厅。

建筑形体的生成过程如图 3.9 所示，左一图示意两个寺崎坡道；左二图示意将两个坡道连接；左三图示意将两个坡道变形；变形后的坡道分为水上水下两部分（右二图）；右一图示意游览车在两个坡道空间里运动。

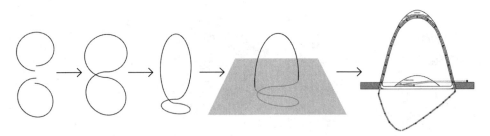

图 3.9　建筑形体生成过程

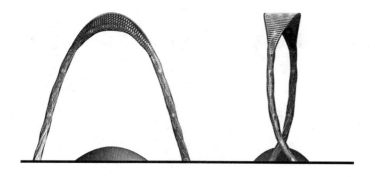

图 3.10 建筑形体立面图

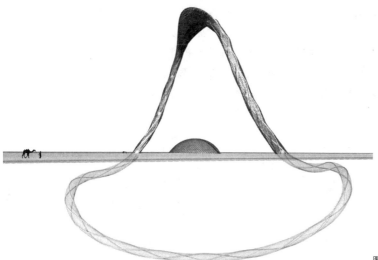

图 3.11 建筑形体透视图

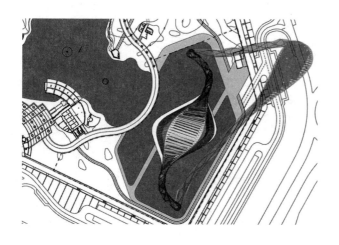

图 3.12 建筑形体总平面图

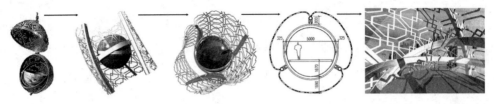

图 3.13　游览车内部设计图

（八）寺崎坡道形态算法特点

　　寺崎坡道形态生成算法的核心是通过方程生成点，由点进而生成坡道曲线。通过此算法生成的坡道曲线与人造坡道曲线不同，它是一种均变的空间曲线；由此算法生成的形体可以用于一些有高差的建筑形体，比如连续的管状空间（图 3.7）、车库的坡道、儿童乐园的滑梯等（图 3.8）；通过此算法生形时，点方程的改写不宜复杂，否则会出现过于凌乱的空间曲线；该算法可在点方程的改写上进一步拓展，突破现有的方程，将函数尤其是三角函数的生形能力充分发掘，将可生成多样的形体。

04

高尔基体形态的
算法程序及数字设计

（一）高尔基体的形态及特点

高尔基体是真核细胞中内膜系统的组成之一。为意大利细胞学家高尔基（Camillo Golgi）于 1898 年首次用硝酸银染色的方法在神经细胞中发现，故以其名命名。高尔基体由扁平膜囊和大小不等的囊泡组成，其表面看上去极像光面内质网。在一般的动、植物细胞中，3 ~ 7 个扁平膜囊重叠在一起，略呈弓形 。弓形囊泡的凸面称为形成面，或未成熟面；凹面称为分泌面，或成熟面。小液泡多集中在形成面附近，一般认为小液泡是由临近高尔基体的内质网以芽生方式形成的，起着从内质网到高尔基体运输物质的作用，糙面内质网腔中的蛋白质，经芽生的小泡输送到高尔基体，再从形成面到成熟面的过程中逐步加工。较大的液泡是由扁平膜囊末端或分泌面局部膨胀，然后断离所形成，并逐渐移向细胞表面，与细胞的质膜融合，而后破裂，内含物随之排出 。[1]

高尔基体的主体是扁平状膜囊，扁平膜囊中间随机出现不规则孔洞，其形态在连接上下膜囊处放大，中间缩小，形成哑铃型的空间形体；液泡与主体膜相连时，其形态也是哑铃型的空间连接体。图 4.1 中上图是高尔基体的模型示意图，下图是高尔基体的显微图。

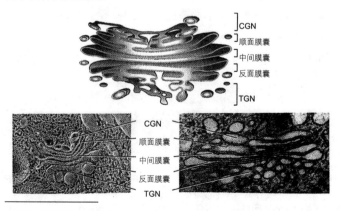

图 4.1　高尔基体的形态

---

1 参见：百度百科 http://baike.baidu.com/view/32175.htm 2017.2.9.

（二）高尔基体形态的分析图

由图 4.1 可知，高尔基体的扁平膜囊上留有"洞口"，其截面呈两端大中间小的纺锤形，高尔基体的液泡与扁平膜囊之间也是呈纺锤形的连接。此种形态是高尔基体在外部细胞液压力和膜囊张力共同作用下形成的表面积最小的曲面形态。如图 4.2 所示，左一图表示扁平膜囊上下皮之间的连接，上下层的"洞口"均以不规则的曲线作为起始，之后以纺锤形的形体进行连接；左二图示意单一的连接，中间处的横截面缩小；右二图示意外部液泡与主体膜囊之间的纺锤形连接；右一图示意相邻层间的孔洞如果距离较近，则会连接在一起生成复杂的空间曲面。

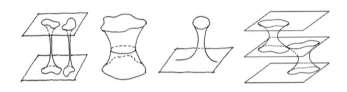

图 4.2　高尔基体形态的分析图

（三）高尔基体形态的算法研究

根据以上特点，高尔基体的扁平膜囊形态及其之间的孔洞形态均可用极小曲面（Minimal Surface）来模拟。极小曲面是在给定的曲线（必须是 Jordan 曲线——无重合点、不自交的环路曲线）为边界、加入外界条件的情况下，所有的曲面中面积最小的曲面。比如铁圈吹出的肥皂泡，即以铁圈为边界，在气压、风力和自身张力共同作用下形成的面积最小的曲面。

高尔基体的扁平膜囊之间的孔洞形态还可以用 Bézier 曲线[1]插点技术和 Nurbs 曲面[2]控制的方法来模拟，它是一种近似极小曲面的生形方法。

由上面论述可知，该算法研究的重点是首先建立膜囊的上下层，之后在层上画出曲线，将曲线连接形成"管道口"，再利用极小曲面算法将管道口生成需要的形体。

高尔基体的形态生成算法框图见图 4.3。

1　Bézier（贝塞尔）曲线是应用于二维图形应用程序的数学曲线。一般的矢量图形软件通过它来精确画出曲线，贝兹曲线由线段与节点组成，节点是可拖动的支点，以通过公式求得曲线。参见：百度百科。http://baike.baidu.com/item/ 贝塞尔曲线 2017.2.9。
2　NURBS（Non-Uniform Rational B-Splines，非均匀有理 B 样条）曲面是通过可控点精细控制的曲面，每一个控制点的影响力的范围能够改变，每个控制点都可以用有理多项式形式的表达式来定义影响。参见百度百科。http://baike.baidu.com/link?url=OvjKnX5SPDtgJpphhYgUrRdkP90k0dQMCSDVNXJcArltdo8GxMU_irxWvmijbf74T5sd7XxbDX6gvNu9KZOrr_ 2017.2.9。

Step1   起始

Step2   输入原始膜 S_t 并分层折叠，留出层间隙

Step3   在原始膜 S_t 的层间随机画出若干线段 L_t，L_t 的顶点为 P_t

Step4   以 P_t 为中心在 S_t 上做 Jordan 闭合曲线，各闭合曲线之间无交点

Step5   以 L_t 两顶点的 Jordan 闭合曲线做极小曲面 S_{mt}

Step6   将 Jordan 闭合曲线内的原始膜 S_t 部分删除，得到曲面 S_{dt}

Step7   输出 S_{mt}、S_{dt}

Step8   终止

S_t：原始平面，分层放置；
L_t：在 S_t 之间做出的线段；
P_t：L_t 的顶点；
S_{mt}：依据 Jordan 闭合曲面做出的极小曲面；
S_{dt}：S_{mt} 与修改过的原曲面结合后的曲面

图 4.3 算法程序框图 4——高尔基体形态的算法框图一

算法 Step2 中采用一个分层折叠留空隙的曲面模拟高尔基体堆叠的膜囊。

Step3 中膜层间形成孔洞是以线段为基准轴，但并不完全对称，此处线段的作用也是为了 Step4 中为 Jordan 闭合曲线取位置点。

Step4 中 Jordan 闭合曲线的形状可以随意，但必须在膜上，而且不能自交，控制点不能重合，且曲线之间也无交点，各自独立。

Step5 中曲线需插入控制曲面的 u、v 方向控制点，使 Nurbs 曲面接近极小曲面，插入点控制点越多，越接近极小曲面。

Step6 中新生成的极小曲面与原膜面共同形成新的连续曲面。

此外，还可用另一种近似极小曲面的方法模拟高尔基体的扁平膜囊之间的孔洞和液泡连接形态，即在 Mesh 面的基础上通过调整 Mesh 面的控制点来生成高尔基体的形态。该方法是将 Mesh 面上的点和面进行迭代处理，每一次迭代均基于上一次的成果，迭代的次数越多越接近所需形态。其形态生成算法框图见图 4.4。

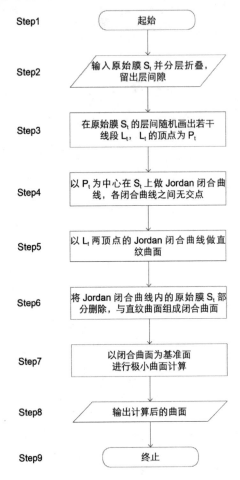

Step1　　起始

Step2　　输入原始膜 S_t 并分层折叠，留出层间隙

Step3　　在原始膜 S_t 的层间随机画出若干线段 L_t，L_t 的顶点为 P_t

Step4　　以 P_t 为中心在 S_t 上做 Jordan 闭合曲线，各闭合曲线之间无交点

Step5　　以 L_t 两顶点的 Jordan 闭合曲线做直纹曲面

Step6　　将 Jordan 闭合曲线内的原始膜 S_t 部分删除，与直纹曲面组成闭合曲面

Step7　　以闭合曲面为基准面进行极小曲面计算

Step8　　输出计算后的曲面

Step9　　终止

S_t：原始平面，分层放置；
L_t：在 S_t 之间做出的线段；
P_t：L_t 的顶点；

图 4.4 算法程序框图 4——高尔基体形态的算法框图二

在此算法框图中，首先利用 Step4 中的 Jordan 闭合曲线生成直纹曲面，它与初始曲面组成复合曲面，由于它们之间有突变，可利用拉普拉斯平滑[1]将形体的突变抹除，并用极小曲面算法继续进行形态生成。

（四）高尔基体形态的算法程序

可用多种软件进行极小曲面的计算，进而模拟高尔基体的形态。比如可用 Mathematica 软件进行扁平膜囊之间的孔洞形

1　拉普拉斯平滑（Laplacian Smooth）又叫加法平滑，是 Mesh 曲面的柔化方法之一，其原理是曲面上的每个控制点根据其周边控制点的信息来调整自身的坐标，即本点的新坐标是周围点坐标加法后的平均值，新坐标计算公式的分子是周边控制点坐标值加上一个特定的数值 lambda（$1 \geq lambda \geq 0$），分母是坐标值的和 + N*lambda（N 个点）。该算法与调整 Mesh 曲面以"逼近"极小曲面的算法类似，都是依据周边点坐标来调整自身位置，但是调整 Mesh 曲面以"逼近"极小曲面的算法在点移动方向和距离计算方法上与拉普拉斯平滑算法不同，详见本章第（四）部分。

态，源代码[1] 如下。

```
Manipulate[
ParametricPlot3D[{-E^-u Cos[arg - v] - E^u Cos[arg + v],
 E^-u Sin[arg - v] - E^u Cos[2 v] Sin[arg - v] -
  E^u Cos[arg - v] Sin[2 v], 2 u Cos[arg] - 2 v Sin[arg]}, {u, -2,
 2}, {v, -\[Pi], \[Pi]},
 PlotRange -> {{-7.5, 7.5}, {-7.5, 7.5}, {-7.5, 7.5}}, Axes -> None,
 Boxed -> False, ImageSize -> {400, 400},
 MaxRecursion -> ControlActive[1, Automatic], Mesh -> True],
{{arg, 0, "\[Phi]"}, 0, \[Pi], Appearance -> "Labeled"}
]
```

另外可以采用 MinSurf 插件[2] 进行形体生成，该插件其实是以 Bézier 曲线插点技术和 Nurbs 曲面控制的方法进行形态生成。

此外也可以用迭代控制 Mesh 曲面的点和面的方法进行形态生成。通过 C# 语言可写成操作程序，并制作成 Grasshopper 功能块。[3]

```
    for (k = 0; k < _iter; ++k)    // 控制迭代的次数。
    {
     for (i = 0; i < m.Faces.Count; ++i)
     {
      v0 = m.Faces.GetFace(i).A;
      v1 = m.Faces.GetFace(i).B;
      v2 = m.Faces.GetFace(i).C;
// 此代码之前先将输入的 mesh 面全部三角化，之后取出所有的三角面的三个点。
      e0 = vx[v1] - vx[v0];
      e1 = vx[v2] - vx[v1];
      e2 = vx[v0] - vx[v2];
// 在三角面的三个顶点处做出三个向量。
      ec = Vector3d.CrossProduct(e1, e0);    // 取两个向量进行叉乘，叉乘的结果是一
个向量，该向量方向垂直于 e0、e1 所在平面，长度取决于 e0、e1 为两个相邻边的平行四边形
的面积。
      fa = ec.Length;
      ifa = 1.0 / fa;
// 对叉乘的结果长度进行计算，使后续代码的计算依据此结果。
      cot0 = -(e0 * e2) * ifa;
      cot1 = -(e1 * e0) * ifa;
      cot2 = -(e2 * e1) * ifa;
// 对上述的结果进行进一步的计算。
      fa *= 0.5;
// 对叉乘结果进行迭代处理，每迭代一次 fa 值缩小为上一步的一半。
      ex[v0] += e0; ex[v0] -= e2;
      ex[v1] += e1; ex[v1] -= e0;
      ex[v2] += e2; ex[v2] -= e1;// 控制点移动的方向和数值。
      e0 *= cot2;
      e1 *= cot0;
      e2 *= cot1; }// 对移动的方向和数值进行迭代处理。
```

由代码可知，以 Mesh 面为基础面进行极小曲面的计算是一个首先细分 Mesh 面后迭代的控制 Mesh 面上点的过程。每一次迭代点移动的方向是该点在曲面上的法线方向，移动的距离是随着迭代次数的增加而逐渐减小。通过点在法线方向的迭代移动，使该点与周围点的距离接近，从而减小了曲面的表面积，逐步"接近"极小曲面。

---

1 作者为 Roman E. Maeder。
2 MinSurf 是 Grasshopper 的插件，用来生成极小曲面。
3 本书此处只显示了核心代码以说明算法，完整源代码从略。

（五）高尔基体形态的原型模拟

将上述生形算法写入 Mathematica 软件，可生成高尔基体扁平膜囊层间连接体形态（图 4.5）。

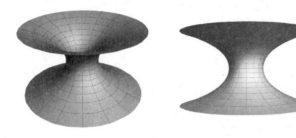

图 4.5　Mathematica 软件中生成的与高尔基体膜层间单元相似的形体

同理，在 MinSurf 中，通过控制 u、v 和迭代次数，可以生成高尔基体扁平膜囊层间连接体形态（图 4.6）。以及由此发展，将膜囊的层、空洞全部建出来，再将其弯曲变形，就可以生成高尔基体的原型形态。图 4.7 中左侧图所示为高尔基体的膜囊形态；中间图是剖面图（对应图 4.1 的上面图）；右图示意液泡与膜囊的连接，这种连接是首先建立连接的管道，将管道逐步迭代生成极小曲面。

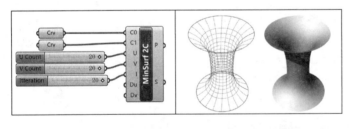

图 4.6　由 MinSurf 控制 Bézier 曲线插点的 u、v 值而生成的 Nurbs 曲面

图 4.7　高尔基体生物原型模拟图

（六）其他形体的生成

影响上述算法生形的参数有：输入的曲线或曲面、插入控制曲面的 u、v 方向控制点个数、Mesh 面的细分程度、迭代的次数、生成的方程等。

由于 Mathematica 能够运算积分，运用方程便可以生成曲面，这里对生成极小曲面的方程进行拓展，则可在

Mathematica 软件中生成多种其他形体。

Sin[x]+Sin[y]+Sin[z]=0;
Sin[x]Sin[y]Sin[z]+Sin[x]Cos[y]Cos[z]+Cos[x]Sin[y]Cos[z]+Cos[x]Cos[y]Sin[z]=0;
3 (Cos[x]+Cos[y]+Cos[z])+4 Cos[x]Cos[y]Cos[z]=0;
Cos[x]Cos[y]+Cos[y]Cos[z]+Cos[x]Cos[z]-3Cos[x]Cos[y]Cos[z]=0;
4 (Cos[x]Cos[y]+Cos[y]Cos[z]+Cos[x]Cos[z])-3Cos[x]Cos[y]Cos[z]=0;
4 (Cos[x]Cos[y]+Cos[y]Cos[z]+Cos[x]Cos[z])-3 Cos[x]Cos[y]Cos[z]=0;
2.75(Sin[2x]Sin[z]Cos[y]+Sin[2y]Sin[x]Cos[z]+Sin[2z]Sin[y]Cos[x])-1(Cos[2x]Cos[2y]+Cos[2y]Cos[2z]+Cos[2z]Cos[2x])=0;
5(Sin[2x]Sin[z]Cos[y]+Sin[2y]Sin[x]Cos[z]+Sin[2z]Sin[y]Cos[x])+1(Cos[2x]Cos[2y]+Cos[2y]Cos[2z]+Cos[2z]Cos[2x])=0;
1(Sin[2x]Sin[2y]+Sin[2y]Sin[2z]+Sin[2x]Sin[2z])+Cos[2x]Cos[2y]Cos[2z]=0;
Sin[x]Sin[y]Sin[z]+Cos[x]Cos[y]Cos[z]-1(Cos[2x]Cos[2y]+Cos[2y]Cos[2z]+Cos[2z]Cos[2 x])-0.4=0;
0.5(Cos[x]Cos[y]+Cos[y]Cos[z]+Cos[z]Cos[x])+0.2(Cos[2x]+Cos[2y]+Cos[2z])=0;
4(Cos[x]Cos[y]+Cos[y]Cos[z]+Cos[z]Cos[x])-2.8(Cos[x]Cos[y]Cos[z])+1(Cos[x]+Cos[y]+Cos[z])+1.5=0;
0.6(Cos[x]Cos[y]Cos[z])+0.4(Cos[x]+Cos[y]+Cos[z])+0.2(Cos[2x]Cos[2y]Cos[2z])+0.2(Cos[2x]+Cos[2y]+Cos[2z])+0.1(Cos[3x]+Cos[3y]+Cos[3z])+0.2(Cos[x]Cos[y]+Cos[y]Cos[z]+Cos[z]Cos[x])=0;
0.6(Cos[x]+Cos[y]+Cos[z])+0.7(Cos[x]Cos[y]+Cos[y]Cos[z]+Cos[z]Cos[x])-0.9 (Cos[2x]Cos[2y]Cos[2z])+0.4=0;
8Cos[x]Cos[y]Cos[z]+(1(Cos[2x]Cos[2y]Cos[2z])-1(Cos[2x]Cos[2y]+Cos[2y]Cos[2 z]+Cos[2z]Cos[2x]))=0;
1.1(Sin[2x]Sin[z]Cos[y]+Sin[2y]Sin[x]Cos[z]+Sin[2z]Sin[y]Cos[x])-0.2(Cos[2x]Cos[2y]+Cos[2y]Cos[2z]+Cos[2z]Cos[2x])-0.4(Cos[x]+Cos[y]+Cos[z])=0;
Cos[2x]Sin[y]Cos[z]+Cos[2y]Sin[z]Cos[x]+Cos[2z]Sin[x]Cos[y]-0.4=0。[1]

将上述的方程写入 Mathematica 软件，即可生成极小曲面。

图 4.8 中生形的方程为 Sin[x]+Sin[y]+Sin[z]=0；Sin[x]Sin[y]Sin[z]+Sin[x]Cos[y]Cos[z]+Cos[x]Sin[y]Cos[z]+Cos[x]Cos[y]Sin[z]=0；

3 (Cos[x]+Cos[y]+Cos[z])+4 Cos[x]Cos[y]Cos[z]=0，其他方程从略。

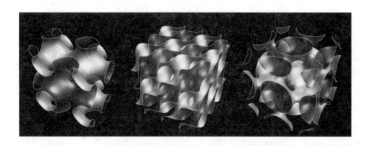

图 4.8　在 Mathematica 中利用方程生成的形体

如果在 Mathematica 软件中无法导出形体，也可以在 Grasshopper 里通过等值面算法[2]来把方程转化为实际可操作犀牛模型。如图 4.9，用到了 Millepede（Grasshopper 的插件）中的 Iso Surface 运算器（最右端的运算器），其生形方程是：

2.75*(sin(2*x)*sin(z)*cos(y)+sin(2*y)*sin(x)*cos(z)+sin(2*z)*sin(y)*cos(x))-1*(cos(2*x)*cos(2*y)+cos(2*y)*cos(2*z)+cos(2*z)*cos(2*x)) = 0。

1　以上方程参见：P. J. F. Gandy, J. Klinowski. 2002. The Equipotential Surfaces of Cubic Lattices[J]. Chemical Physics Letters: 543-551. 以 及 http://demonstrations.wolfram.com/data/010731/0009/TriplyPeriodicMinimalSurfaces/TriplyPeriodicMinimalSurfaces-source.nb 2015 年 5 月 1 日。
2　等值面算法详见本书第 7 章。

图 4.9　在 Grasshopper 中利用方程生成的形体

改变输入的初始形体，利用算法和 MinSurf 插件也可以生成不同的形体。图 4.10 中形体是利用在八面体细分模式的球体上做出孔洞后的效果。

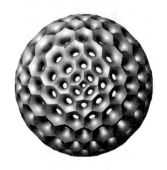
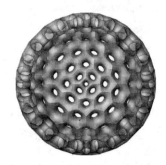

图 4.10　由 MinSurf 软件生成的其他形体

（七）建筑形体的生成

本节以一处四合院加建为例进行建筑生形设计的说明。该四合院需要在中心院落处加建出建筑实体，以增加办公面积，容纳更多的办公人数，首先确定院落内的可建范围为 13m×13m，并确定办公位的布置，设有 19 个办公位及会议桌，之后利用 Bézier 曲线插点技术将四条空间曲线生成类似于帆拱的形体，上下各一，把办公位和会议桌位拉伸与上下的曲面形体相交（图 4.11）。

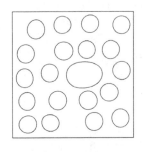

图 4.11　建筑形体的雏形

将图 4.11 中的右侧图形用迭代控制 Mesh 曲面点的方法生成图 4.12 的左侧图形体，将形体的上部裁除（中间图和右侧图），

形成镂空的形体（该形体的生成运用了对 Mesh 的迭代处理，
在进行极小曲面计算之前，先用拉普拉斯平滑处理了图 4.11 中
右侧形体中的突变）。

图 4.12　利用算法生成的极小曲
面形体

　　该建筑形体的加建在一个有限的空间内，各个方向均有日
照遮挡，为了争取自然采光，每个工位上方均对应天窗（形体
镂空部分）。

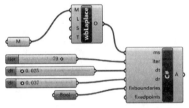

```
Script Editor                                    ×

C#  Script component: C#              ▶ ⁎ ◉ A ⬚

151        e1 *= cot0;
152        e2 *= cot1;
153        nx[v0] += e0; nx[v0] -= e2;
154        nx[v1] += e1; nx[v1] -= e0;
155        nx[v2] += e2; nx[v2] -= e1;
156    }
157    for (i = 0; i < vc; ++i)
158    {
159        if (boundary[i]) continue;
160        vx[i] += nx[i] * _dt;
161        vx[i] += ex[i] * _dr;
162        area[i] = 0.0;
163        nx[i].X = 0.0; nx[i].Y = 0.0; nx[i].Z = 0.0;
164        ex[i].X = 0.0; ex[i].Y = 0.0; ex[i].Z = 0.0;
165    }
166    }
167    m = _ms.DuplicateMesh();
168    for (i = 0; i < vc; ++i)
169    {
170        m.Vertices.SetVertex(i, vx[i]);
171    }
172    m.UnifyNormals();
173    m.Normals.ComputeNormals();
174    return m;

Cache   Recover from cache                          OK
```

图 4.13　建筑形体生成的程序

图 4.14　建筑形体鸟瞰图

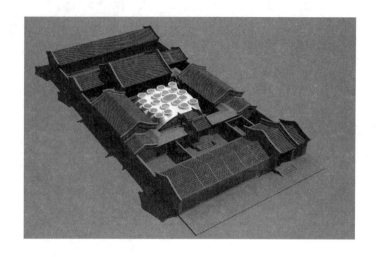

图 4.15　建筑形体鸟瞰图

（八）高尔基体形态算法特点

　　高尔基体的形态可通过极小曲面的生成算法来模拟，生成
极小曲面的方法不同，则算法也会有区别，通过改写算法可进
一步生成丰富的形体，它可用于各种由面围合成的三维空间形
体。

　　当使用方程生成极小曲面时，生成的形体具有空间的重复
性，因此适合于有韵律感、重复性较强的三维空间形体，这种
形体用于建筑时应根据建筑的功能及场地条件，进行深化设计。
当使用控制线生成极小曲面时，需注意控制线本身的性质，如
果控制线相交较多或极端复杂，则生成的形体也会出现自交，
应尽量避免。当使用 Mesh 面控制而生成近似的极小曲面方法
时，可对功能要求及场地条件在形体生成的初期就给予考虑，
生成的形体更适用，用此方法时会碰到突变的形体，这时可用
拉普拉斯平滑算法将突变处抹除。

线粒体内膜形态的
算法程序及数字设计

（一）线粒体内膜的形态及特点

线粒体是一种细胞器，存在于大多数细胞之中，是为细胞制造能量、进行有氧呼吸的场所，同时还参与诸如细胞分化、细胞信息传递、细胞凋亡等过程，并拥有调控细胞生长和细胞周期的能力。线粒体的结构由外至内可划分为线粒体外膜、线粒体膜间隙、线粒体内膜及线粒体基质四个部分[1]。本章主要研究线粒体内膜的形态。

线粒体内膜包裹着线粒体基质，它会向线粒体基质折叠形成嵴，嵴的形成可大大增加该膜的表面积。

从光学显微镜下的照片（见图 5.1 左侧图）可看出线粒体内膜形态的特点，它向内褶皱形成的嵴膜有不同的长度，但嵴膜的囊腔厚度尺寸近似；大部分嵴膜垂直于线粒体外膜表面；各嵴膜之间的距离也相当；嵴膜会在空间上形成弯曲；嵴膜还会在末端形成"分叉"，或与其他的嵴膜之间形成连接。

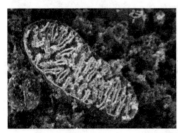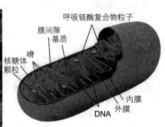

图 5.1　线粒体内膜的形态

（二）线粒体内膜形态的分析图

通过上述的形态特点的描述，可以画出图 5.2 中的分析图，图（a）表示线粒体内膜向内褶皱形成嵴膜的初始状态；图（b）表示线粒体内膜的嵴膜随时间增加而逐渐增加；图（a）及图（b）也表示了嵴膜有不同的长度，但嵴膜的囊腔厚度尺寸近似，大

1　参见：百度百科"线粒体"词条。

部分嵴膜垂直于线粒体外膜表面，各嵴膜之间的距离相当等特点；图（c）表示嵴膜会在空间上形成弯曲；图（d）表示嵴膜还会在末端形成"分叉"；图（e）表示与其他的嵴膜之间形成连接。

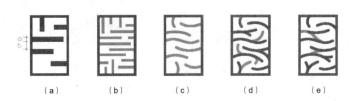

（a）　　　（b）　　　（c）　　　（d）　　　（e）　　　图 5.2　线粒体内膜形态分析图

（三）线粒体内膜形态的算法研究

反应扩散方程（Reaction Diffusion Equation）是微偏分方程的一种，用来描述与扩散类似的物理化学现象，也用来描述一些生物形态，比如斑马的斑纹、脑纹、热带鱼的五彩纹理等。我们把线粒体内膜的形态看成一个生长的过程，可以用该方程来模拟其形态。

$$\partial u/\partial t=D_u\nabla^2u - uv^2+F(1 - u)$$
$$\partial v/\partial t=D_v\nabla^2v+uv^2 - (F+k)v$$

上面的方程中，u 和 v 是两种化学物质（u、v 数值表示其浓度），D_u 和 D_v 是它们发生反应的扩散速率；F、k 是两个与反应、扩散相关的常量，代表增长和衰亡的速度；∇ 是拉普拉斯算子（Laplace Operator）。反应扩散方程模拟了两种物质反应和扩散这两个基本的部分。在反应时，两个 v 和一个 u 变换成了三个 v，即 v 把 u 吃掉后繁殖了一个 v，以此来表示衍化反应（图 5.3）。图 5.4 表示两种物质在平面矩阵中扩散，u 扩散得比 v 快，v 尽力"吃掉"u，从而模拟 u、v 两种物质"尽力"占据矩阵网格的过程。

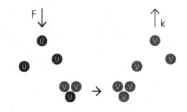

图 5.3　u 和 v 的反应过程分析图

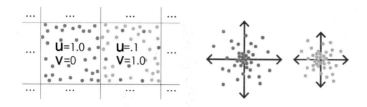

图 5.4 u 和 v 的扩散过程分析图

基于此，可以借用反应扩散方程来模拟线粒体内膜形态的生成，算法生形过程框图见图 5.5。

Step1　起始

Step2　输入初始平面矩阵 A

Step3　定义拉普拉斯算子和扩散反应方程，使两种物质按照数学关系进行作用

Step4　定义两种物质的反应和扩散的相关参数 D_u、D_v、F、k、u、v

Step5　将 A 内所有的被 v "占领"的点提取，形成由点组成的"条纹"

Step6　将反应时间作为第三维参数，将"条纹"在竖直方向上排列

Step7　利用等值面算法提取"条纹"边界的数值并将其形成曲面

Step8　输出曲面

Step9　终止

A：原始平面的点矩阵；
D_u：u 物质的反应速率；
D_v：v 物质的反应速率；
F：增长速度；
k：衰亡速度；
u：u 物质浓度；
v：v 物质浓度

图 5.5　算法程序框图 5——线粒体内膜形态的算法框图

上述流程图中，Step2 是初始的二维点阵，两种物质在此平面作初始的反应和扩散。

Step4 中的六个参数是影响形体生成的最基本的参数。

Step6 将 Step2 中的反应平面按照时间进行抬升，依次形成三维点阵。

Step7 中的等值面算法详见本书第 8 章。

（四）线粒体内膜形态的算法程序

斯科特（Grey Scott）已在 Processing 软件中编写出二维的反应扩散方程并生成了图案，其核心代码如下。

```
for (int i = 0; i < N; i++) {
    for (int j = 0; j < N; j++) {
        double u = U[i][j];
        double v = V[i][j];
        int left = offset[i][0];
        int right = offset[i][1];
        int up = offset[j][0];
        int down = offset[j][1];    // 遍历了平面内所有点的周围点。
        double uvv = u*v*v;
        double lapU = (U[left][j] + U[right][j] + U[i][up] + U[i][down] - 4*u);    double lapV = (V[left][j] + V[right][j] + V[i][up] + V[i][down] - 4*v);
        // 定义了拉普拉斯算子。
        dU[i][j] = diffU*lapU  - uvv + F*(1 - u);
        dV[i][j] = diffV*lapV + uvv - (K+F)*v;
        // 写入反应扩散方程，与上文的反应扩散方程式对应。
    }
```

将上述的代码进行改写，将时间维度加入程序，使其三维化并在三维点阵的基础上利用等值面算法形成 Mesh 曲面以模拟线粒体内膜三维的形态。[1]

（五）线粒体内膜形态的原型模拟

用以上改写的程序进行运算，可得到线粒体内膜的三维形态图如下。图 5.6 中左侧图参数组合为：F=0.062、k=0.062、D_u=0.19、D_v=0.09；右侧图参数组合为：F=0.042、k=0.065、D_u=0.16、D_v=0.08，两次生形均固定了 u 和 v 浓度值。图 5.7 是不同形体的平面图，可以看出线粒体内膜形态的特点：(1) 随着时间的推移逐渐占满整个空间；(2) 嵴的厚度是均匀的，嵴之间的距离是近似相等的；(3) 嵴会弯曲、分叉，嵴与嵴之间也会融合相连。

图 5.6　程序生成的线粒体内膜原型形态

1　完整源代码由黎雪伦和罗盘编写，从略。

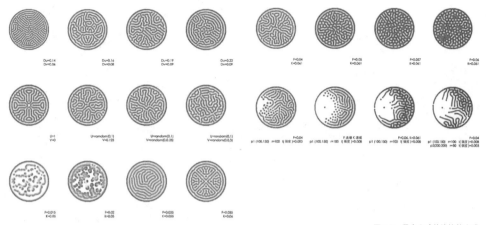

图 5.7　程序生成的线粒体内膜原型形态平面图

（六）其他形体的生成

如前文所述，控制形体生成的参数是 F（侵蚀物质增长的速度）、k（被侵蚀物质衰亡的速度）、u（被侵蚀物质的浓度）、v（侵蚀物质的浓度）、D_u（两种物质反应时被侵蚀物质扩散速率）、D_v（两种物质反应时侵蚀物质扩散速率），此外还有时间、初始状态、排斥点（使生成的等值面远离此点）一共九个参数，以上述参数的不同组合（图5.8），可以生成众多复杂形体（图5.9）。图 5.9 中的形体是在锁定某些参数的情况下改变另外的一些参数而引起的生成形体的变化，形体下部的坐标系示意固定的参数组不同。

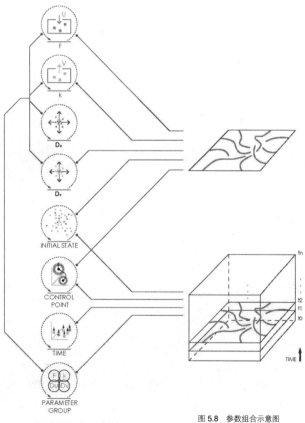

图 5.8　参数组合示意图

63

图 5.9 不同参数组合而生成的
多样形体

（七）建筑形体的生成

本节以园林景观亭为例来说明运用线粒体内膜的形态算法
进行设计形体的生成。如图 5.10 所示，图中形体是在图 5.9 多
样化形体中选取的，并在 Rhinoceros 和 Grasshopper 中深化
设计而成。首先是将形体"尺度化"，即缩放形体以满足人的
使用的要求，其次是将形体的可建造性加以考虑，将缩放后的
Mesh 曲面用 Kangaroo 进行加工，使曲面控制点和控制线更加
均匀且有利于加工建造，最后是将 Mesh 曲面的控制线用编织
的方法制作成实体模型，满足可建造性要求。

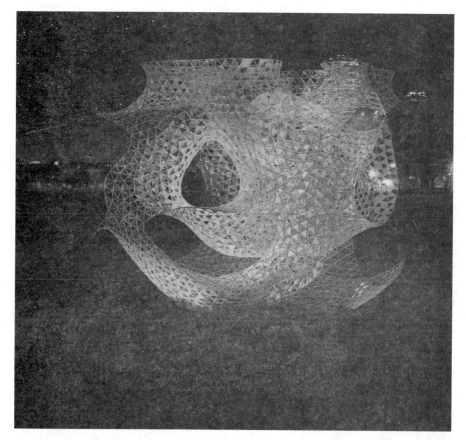

图 5.10　建筑形体透视图

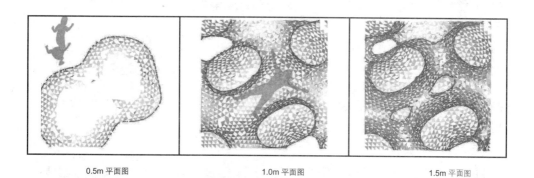

0.5m 平面图　　　　　　1.0m 平面图　　　　　　1.5m 平面图

图 5.11　建筑形体平面图

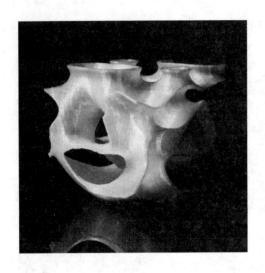

图 5.12　建筑形体模型

（八）线粒体内膜形态算法特点

线粒体内膜的形态算法以反应扩散方程为基础，它可用来模拟不同的二维生物形态，如斑马条纹、脑纹等，因而也可用以总平面的生成、建筑表皮的生成、铺装纹样的生成、服装纹样生成、建筑平面设计等方面。改写的三维算法可用以生成复杂的三维空间形体，用于诸多设计方面，如园林小品、儿童乐园装置、首饰、家具设计等。

影响该算法生形的参数有九个，这九个参数的不同组合以及不同赋值可生成差别较大的形体；参数在 10^{-3} 数量级的改变，就会带来生成形体的大变化；另外，该算法生成的 Mesh 曲面不均匀，需要用其他软件后期加工，控制 Mesh 曲面的点和线，以使其更加均匀，有利于后续的深化设计和建造。

此算法还可以通过融入其他扩散方程，如对流扩散方程、热扩散方程、悬沙扩散方程、高斯（Gauss）公式（散度定理）、菲克（Fick）扩散方程等，发展成为系列的生形算法，用以生成形体。

图 5.13　算法生成的形体在其他领域的应用

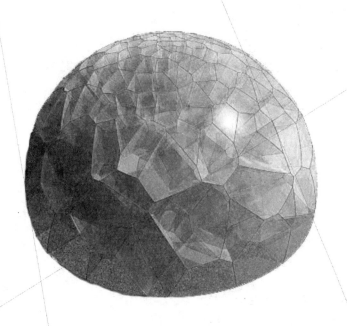

06

植物原生分生组织
形态的算法程序
及数字设计

植物的组织是由相似的细胞和细胞间质组合而成的基本生命结构，存在于多细胞植物体内，有一定的结构、形态，能行使一定的生理功能。

以种子植物为例，植物的组织可分成两大类：（1）分生组织：能不断地分裂增长并分化出永久组织，分生组织可分为原生分生组织、初生分生组织、次生分生组织等。（2）永久组织（也称为成熟组织）：具有特殊的结构和功能，细胞停止分裂，包括薄壁组织、机械组织、分泌组织、保护组织和输导组织。

（一）植物原生分生组织的形态及特点

本章讨论植物分生组织中的原生分生组织的形态。

原生分生组织的形态是由内部细胞不断的分裂和生长而形成的，细胞的分裂方式决定了其形态形成的最初方向，原生分生组织的细胞分裂形式分为三种（图6.1）：

垂周分裂：分裂细胞之间的分裂面与器官表面垂直；

平周分裂：分裂细胞之间的分裂面与器官表面平行；

横向分裂：分裂细胞之间的分裂面与器官长轴方向垂直。

原生分生组织存在于植物营养器官根和茎的远端，是其"生长尖"，分为根尖和茎尖，虽然根尖和茎尖的原生分生组织的形态不同，但是其细胞的形态相似，原因是原生分生组织是由胚细胞发育而来，由于其细胞分裂活动频繁，故细胞壁较薄，细胞均呈现原始细胞或者接近原始细胞的状态。

根尖的原生分生组织呈现椭球形，位于根尖的分生区远端，根冠的近端向，其顶端是分层排列或者单层排列的细胞群或者单个的干细胞，有的植物的根在干细胞中心处会有一个静止中心，静止中心也由一个或多个细胞构成。干细胞不断的分裂产生其近端的原生分生组织细胞，逐渐过渡到初生分生组织以及根冠。根尖的原生分生组织的不同部位有着不同的分裂方式，靠近中央干细胞区域的细胞分裂均为垂周分裂，如果以根尖顶端为参照物而描述其他细胞的位移时，分裂的细胞由顶端中心向近端方向移动。远离根尖顶端后分裂方式趋于多样化，使根尖在三维方向上生长，形成原生分生组织的椭球形以及呈现出具有大小渐变的细胞排列形态（图6.2）。

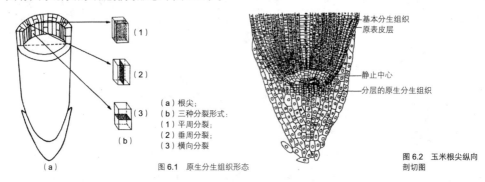

（a）根尖；
（b）三种分裂形式：
（1）平周分裂；
（2）垂周分裂；
（3）横向分裂

图6.1　原生分生组织形态

图6.2　玉米根尖纵向剖切图

　　茎尖原生分生组织的形态比根尖复杂，外形呈现近似的球形，较原始的植物比如蕨类植物、石松等，其茎尖原生分生组织形态和根尖相似，但没有根冠部分。银杏、冷杉等植物的茎尖原生分生组织在中央母细胞区的近端存在一个层状过渡区，层状过渡区的远端是中央母细胞，细胞分裂方式为垂周分裂，层状过渡区近端为肋状，侧面的原生分生组织细胞分裂方式为三种并存，细胞体积也较中央母细胞大（图6.3）。

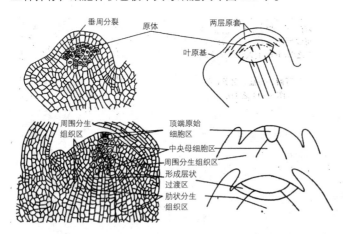

图6.3　茎尖纵向剖切图及组织学分区示意图

　　无论是根尖还是茎尖原生分生组织，其细胞的排列基本上遵循以中央母细胞向外逐渐变大的规律。

（二）植物原生分生组织形态的分析图

图 6.4 是原生分生组织形态的分析图，左侧图是根尖形态的分析图，图中字母的含义是 ep：表皮；c：皮层；e：内皮层；p：中柱；v：维管结构；lrc：侧根根冠；crc：中因根冠，箭头表示细胞分裂方向。右侧图示意细胞的大小与中心点的关系，符合原生分生组织细胞排列的特点。

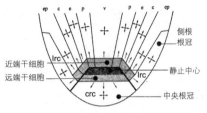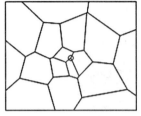

图 6.4　根尖原生分生组织形态图解

图 6.5 将茎尖原生分生组织的形态特点抽象化（箭头表示细胞分裂方向），原生分生组织按照细胞大小的不同组成有规律空间排列形态：以一点（中央母细胞）为中心向外扩散的、细胞体积逐渐变大的空间多面体组合形态。

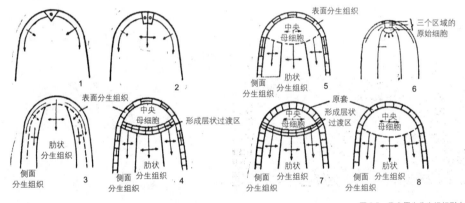

图 6.5　茎尖原生分生组织形态图解

（三）植物原生分生组织形态的算法研究

把点的空间排列规则与 Voronoi 算法[1] 相结合，可以模拟分生组织的基本形态。生成原生分生组织的基本形态可首先在空间上布置点阵，并确定某一中心点，调整其他点的位置，使点之间的距离在离中心点远的地方距离大，反之则小；然后，用 Voronoi 算法模拟原生分生组织的形态，这一算法生形过程框图见图 6.6。

1　Voronoi 算法是将点阵变换成一组多边形或者多面体的算法。二维上看 Voronoi 图是由一组由连接两邻点直线的垂直平分线组成的连续多边形组成，三维上看是由一组由连接两邻点直线的垂直平分面组成的连续多面体组成。

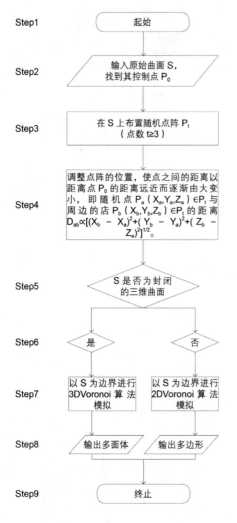

Step1	起始
Step2	输入原始曲面 S，找到其控制点 P_0
Step3	在 S 上布置随机点阵 P_t（点数 t≥3）
Step4	调整点阵的位置，使点之间的距离以距离点 P_0 的距离远近而逐渐由大变小，即随机点 P_a（X_a, Y_a, Z_a）∈P_t 与周边的店 P_b（X_b, Y_b, Z_b）∈P_t 的距离 $D_{ab} \propto [(X_b - X_a)^2 + (Y_b - Y_a)^2 + (Z_b - Z_a)^2]^{1/2}$。
Step5	S 是否为封闭的三维曲面
Step6	是 否
Step7	以 S 为边界进行 3DVoronoi 算法模拟 / 以 S 为边界进行 2DVoronoi 算法模拟
Step8	输出多面体 / 输出多边形
Step9	终止

S：原始点阵所附曲面；
P_0：影响点阵分布的点；
P_t：随机分布在 S 上的点阵；
P_a：P_t 的子集合；
X_a、Y_a、Z_a：P_a 中点的坐标；
P_a：P_a 的补集；
X_b、Y_b、Z_b：P_b 中点的坐标；
D_{ab}：点之间的距离

图 6.6 算法程序框图图 6——原生分生组织形态的算法框图

在此流程图中，Step2 中的 P_0 模拟的是原生分生组织中的中央母细胞。

（四）植物分生组织形态的算法程序

有关空间点阵的分布、干扰以及 Voronoi 算法的模拟可以在 Rhinoceros 和 Grasshopper 的组合中实现，其内置的功能块中有对其直观的模拟。对原生分生组织的模拟首先是点阵的生成，可以用 Populate 3D 运算器生成，其次是对点阵的干扰，可以设置一点 P_0，将 Populate 3D 运算器生成的点与这个点的距离求出，依据距离的大小决定向 P_0 移动的距离——距离 P_0 越小的点移动距离越大，反之越小。

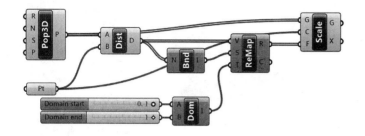

图 6.7　基本程序

（五）植物原生分生组织形态的原型模拟

在上述基本程序的基础上，可以将半球体加入原型模拟，以模拟原生分生组织的基本形态。

图 6.8 中左图示意中央干细胞点（球顶中央绿色点）周边的点阵布置，点阵在球面上布置，以模拟垂周分裂后形成的细胞排列状态，靠近中央干细胞点的点阵密集。右图示意层状过渡区近端向，点阵在球体内部成空间布置，以模拟细胞多方向分裂后（平周、垂周、横向分裂共存）形成的排列状态，远端的点阵密集。

图 6.8　点阵

以上述点阵为基础、以半球为边界进行 3DVoronoi 算法模拟后可生成与原生分生组织形态相似的形体（图 6.9）。

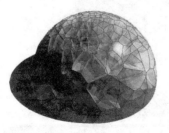

图 6.9　与根尖（无根冠）、茎尖（无原套）形态相似的形体

根冠和原套的形态特点均是类半球形的壳体，但是形成的算法不同。因本书此处论述的是与生物原型形态相似的形体，可以将根冠和原套的形体定义成半球形，即输入的原始形体是半球形。

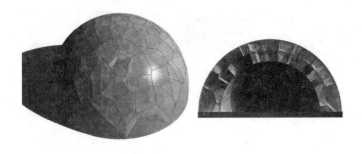

图 6.10 与原套（两层细胞）形态相似的形体及其剖面（垂周分裂）

（六）其他形体的生成

上述两种算法的核心是对点阵的干扰，将初始点阵进行重新分配后进行 Voronoi 计算，可以生成不同的形体，这些形体是空间多面体、平面多边形组合或者多面体、多边形线框组成的线网络。

图 6.11 是按照图片的灰度值干扰点并以此为基础形成的二维图形。

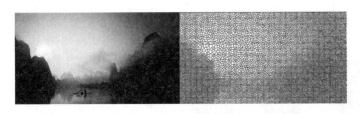

图 6.11 干扰点阵的图片以及 Voronoi 图形

图 6.12 是按十个点控制在类半球形上点阵的疏密，进而形成疏密不同的图案。

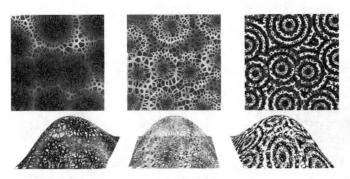

图 6.12 类半球形上疏密点阵的 Voronoi 图

图 6.13 是杆件向受力不利部位聚集（图中虚线）而形成的构筑物。

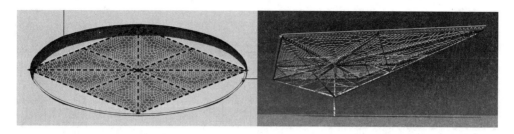

图 6.13 杆件向受力不利部位聚集而形成的构筑物

（七）建筑形体的生成

本节以一个室内吊顶的设计为例说明此算法在建筑设计中的应用，首先通过对点阵的干扰，使点阵向柱子、墙上若干节点处聚集，之后进行 Voronoi 算法变换后得到设计形体。图 6.14 所示为该吊顶的平面图，点向柱子或者吊顶的支撑处区域汇集。

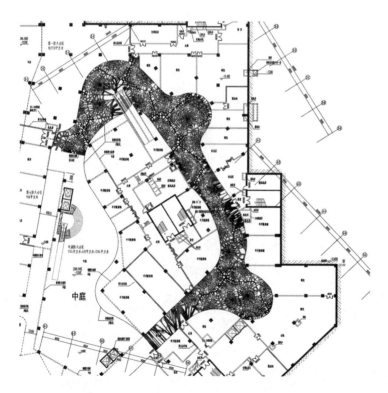

图 6.14 吊顶平面图

图 6.15 室内透视图

（八）植物原生分生组织形态算法特点

本算法以 Voronoi 算法为基础，通过对点阵的干扰，形成不同形体。对点阵的疏密控制是该算法的精髓，如本章第（六）、（七）节所示，对点阵的控制可以是图片灰度值、几何形体（如多个点、多根线或者面）、结构受力等方面，从而将建筑形体生成的初始条件图解为点阵的分布。本算法所生成的形体具有随机和渐变相结合的特征，本算法可以与第 5、10、24、26、30 章中所介绍的算法共同组成对空间或者平面形体进行"随机和渐变相结合"的细分算法库，进而形成插件。

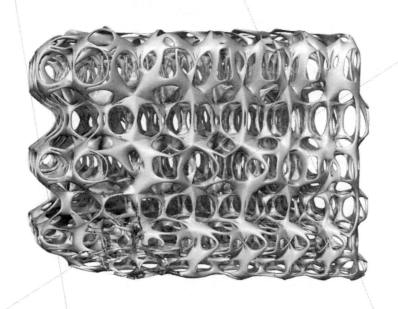

07

植物次生分生组织
形态的算法程序
及数字设计

（一）植物次生分生组织的形态及特点

次生分生组织包括木栓形成层和维管形成层。木栓形成层多为多角形的单层细胞所形成，形式相对简单。维管形成层的细胞主要是纺锤形的原始细胞和射线原始细胞，主要分布于侧生分生组织中，起到"加粗"根的作用。

纺锤形原始细胞是扁长形的细胞，两端尖锐，细胞的径向方向的壁较厚，径切向长宽比达到几十甚至几百，弦切向呈现扁平状。射线原始细胞由纺锤形原始细胞转化而来，细胞呈现等径的多面体形态。

形成层的细胞分裂形式有径向的垂周分裂、侧向的垂周分裂、假横分裂三种。

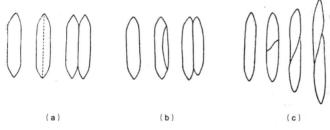

（a）   （b）   （c）

图 7.1　纺锤状原始细胞增殖分裂的三种形式：（a）径向的垂周分裂；（b）侧向的垂周分裂；（c）假横分裂

维管形成层的形态是由上述的细胞分裂形式而形成的。图7.2 中左图为洋葱形成层的弦向纵切图，示意叠生纺锤形原始细胞排列形态；右图为杜仲形成层的弦向纵切图，示意非叠生纺锤形原始细胞排列形态。

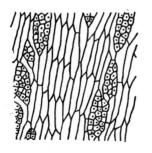 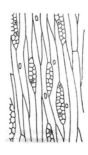

图 7.2　次生分生组织的形态

由纺锤状原始细胞和射线原始细胞组成的形成层主要有叠生和非叠生两种形式；纺锤状原始细胞排列的横切面与纵切面均为六边形组合，剖切方向六边形的层与层之间是错位搭接的，将纺锤状原始细胞径向缩短变为一个接近于等径的多面体时，其形式即为十二面体。

（二）植物次生分生组织形态的分析图

图7.3为次生分生组织的平面和剖面分析图，平面（左侧图）是规则的六边形镶嵌，剖面上分为叠生（中间图）和非叠生（右侧图）两种镶嵌形式，但是只是六边形单体的各个边长度比例不同，实则为一种形式。

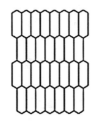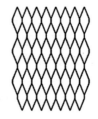

图7.3 次生分生组织形态分析图

图7.4展示的是次生分生组织的十二面体细胞在空间上的组合形式。

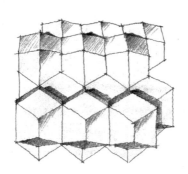

图7.4 次生分生组织形态分析图

（三）植物原生分生组织形态的算法研究

把晶体质点的空间排列规则与 Voronoi 算法相结合，可以模拟分生组织的基本形态。

晶体质点的排列形态是在空间上是对称（空间对称只存在1、2、3、4、6次对称轴）的和长程有序的（每一个质点周期性的重复，三维中将重复质点连起来是不断重复的空间格子）。晶体之所以形成有序空间结构和生物形态异曲同工：从形态上来说，成型内能最小。

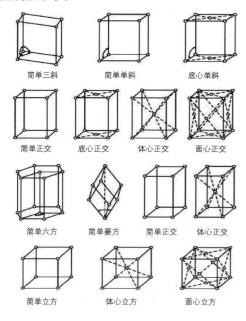

简单三斜　　　简单单斜　　　底心单斜

简单正交　　底心正交　　体心正交　　面心正交

简单六方　　简单菱方　　简单正交　　体心正交

简单立方　　　体心立方　　　面心立方

图 7.5　晶体质点 14 种平移点阵的单胞图解

生成次生分生组织细胞空间排列形态是以图 7.5 中的"简单菱方"空间质点排列形态为基础的（原生分生组织的细胞呈现原始细胞或者接近原始细胞的状态空间排列形态，其极限形态是四面体，可以以图 7.5 中的"体心立方"空间质点排列形态为基础，见图 7.11）。

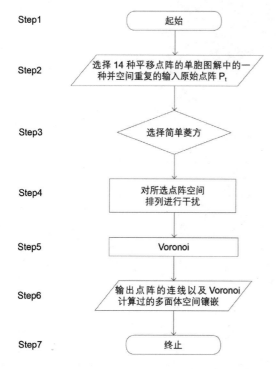

Step1　起始

Step2　选择 14 种平移点阵的单胞图解中的一种并空间重复的输入原始点阵 P_t

Step3　选择简单菱方

Step4　对所选点阵空间排列进行干扰

Step5　Voronoi

Step6　输出点阵的连线以及 Voronoi 计算过的多面体空间镶嵌

Step7　终止

图 7.6　算法程序框图 7——次生分生组织形态的算法框图

（四）植物分生组织形态的算法程序

对次生分生组织的模拟是首先对点阵的生成，如图 7.7 所示为简单菱方点阵的平面图（左图）和立面图（右图），黑色点和红色点分属于不同的"层"，之后用 Voronoi 算法进行模拟。

图 7.7　简单凌方点阵

（五）植物次生分生组织形态的原型模拟

图 7.8 是将简单菱方空间点阵干扰后形成的新点阵及生成的形体组合，图 7.9 是此形体的平面（左图）和剖面（右图），均为六边形组成的网络。

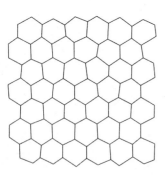 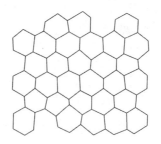

图 7.8　将简单菱方空间点阵干扰后形成的点阵及生成的形体组合

图 7.9　形体组合的平面图和剖面图

（六）其他形体的生成

该算法的核心是对点阵的干扰，将初始点阵进行重新分配后进行 Voronoi 计算，由此可以生成不同的形体，这些形体是空间多面体、平面多边形组合或者多面体、多边形线框组成的线网络。

图 7.10 是对简单菱方点阵进行干扰，使点阵向右下角聚集，形成渐变的线网络（左图），在此基础上进一步加工形成右图的形体。

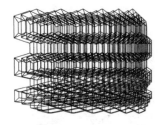 

图 7.10　以简单菱方点阵和 Voronoi 算法为基础生成的形体

图 7.11 是体心立方点阵（左图）以及以此为基础形成的十四面体组合[1]。其他点阵及变形的形体生成与此基本一致，本书从略。

图 7.11　体心立方点阵以及十四面体组合

1　十四面体是理想的细胞形态。刘易斯博士（Frederic T. Lewis）有个经典的实验。他曾对各种植物薄壁组织作过长期的仔细研究，只是通过简单地把它们泡软、覆上蜡复原以及别的一些办法，他成功地发现在某些简单均匀的组织内存在近似甚至就是十四面体的形态的细胞。在重建一个大型的接骨木树心细胞模型后，他发现十四面体显然就是细胞近似的形态，有关细胞一直与相邻细胞的接触面的数目，亦即所有实际的和潜在的细胞面数，刘易斯发现 74% 的细胞有 12、13、14、15 或 16 个面，56% 的细胞有 13、14 或 15 个面，在这个实验中平均面数或接触面数为 13.96，这些数字显示了细胞的总体对称性以及它们偏离十二面体，向十四面体发展的趋势（[英] 达西·汤姆森 著. [英] 泰勒·邦纳 改编. 生长和形态. 袁丽琴 译. 上海：上海科学技术出版社，2003：137）。

（七）建筑形体的生成

　　本节以北京奥运会玲珑塔五层的室内顶棚设计为例说明此算法在建筑形体生成设计中的运用，由于此建筑的形体是三棱锥，故本方案采用图7.5中的（h）简单六方为初始点阵，从而使生成的空间镶嵌具有三角形的特征，将空间镶嵌的一部分取出，得到图7.12中左图的形体，其内部单元由两个，分别为二十面体和十一面体（右图）。

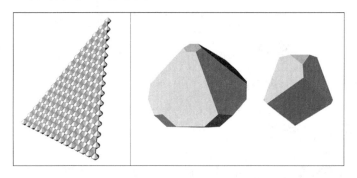

图 7.12　空间镶嵌以及两个单体

　　由此形成的顶棚如图 7.13~ 图 7.15 所示。

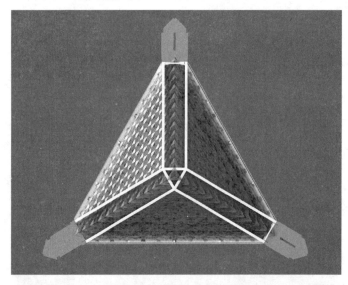

图 7.13　顶棚平面图

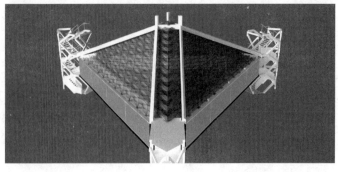

图 7.14　室外透视图

图 7.15　室内透视图

（八）植物次生分生组织形态算法特点

　　该算法是通过对 Voronoi 算法的改写，从而生成丰富的形体。本算法的初始点阵是空间上长程有序的，因此可以生成规则的空间形体镶嵌，镶嵌单元均是具有对称轴或者对称中心的凸多面体。该算法可以和本书第 14、16、17、20、23 章中所介绍的算法合写为有序镶嵌的算法库，进而形成有序镶嵌形体生成的插件。

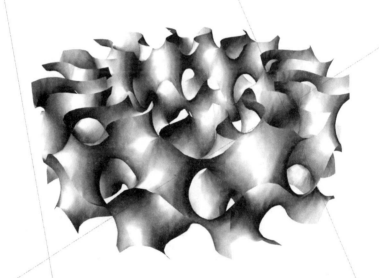

08

植物通气薄壁组织
形态的算法程序
及数字设计

（一）植物通气薄壁组织的形态及特点

通气薄壁组织是具有大量细胞间隙的薄壁组织，这些细胞间隙互相贯通，形成一个通气系统。水生和湿生植物如莲、水稻、眼子菜的根、茎、叶等等，常常在根茎内形成通气薄壁组织，它是氧气运送的通道，并给植物一定的浮力。[1]通气薄壁组织是由其内部细胞通过裂生和溶生两种方式形成。裂生是细胞间隙不断扩大，最终形成表面光滑且截面近似圆形的曲折细胞间隙——管道系统；溶生是细胞本身程序性死亡，留下细胞间隙，细胞间隙周围的细胞继续编程性死亡，以此形成曲折的气体通路。

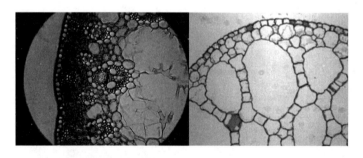

图 8.1　通气薄壁组织的形态

通气薄壁组织的气道是由大小不同的"球"相互"碰撞"而形成的连续通道，因而气道粗细不等，外形蜿蜒曲折，但是气道横切面呈现近似的圆形；气道与气道之间相互交织，形成空间管道系统。

（二）通气薄壁组织形态的分析图

通气薄壁组织的气道可以通过不同空间位置的点逐步"扩张"来解释，半径不等的各球连接而成连续网络（图 8.2）。由于气道的中轴线呈空间蜿蜒曲折的网状，横截面呈近似圆形，

1　参见：http://www.a-hospital.com/w/ 通气组织。

截面的面积不断变化，使管状的气道粗细不均。这样，形态可以看成是无数个半径不同的圆形截面沿气道中轴紧密排列而成（图8.3）。

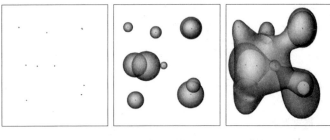

图 8.2　通气薄壁组织形态的分析图一

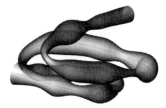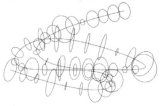

图 8.3　通气薄壁组织形态的分析图二

（三）通气薄壁组织形态的算法研究

等值面算法可用以模拟通气薄壁组织的气道形态。

等值面是空间的曲面，其曲面上任一点满足方程 P = {(x, y, z)：F(x, y, z) = F_t}，即方程的变量为 x、y、z，通过函数的变换后得到固定值 F_t，故称为等值面。由等值面的定义可知：等值面方程的函数关系是最主要的，函数关系决定了等值面的空间形态。举例来说，利用 $x^2+y^2+z^2=r^2$ 这个方程的函数关系求得的等值面就是一个半径为 r 的球体。

生成等值面的方法很多，最常用的是 1987 年由劳伦森（W. E. Lorenson）和克莱恩（H. E. Cline）提出来的 Marching Cube（移动立方体）的方法，该方法原理简单、易于操作，是空间数据场形成等值面的常用方法。

该方法是假设每个立方体的边在数据场中是呈连续线性变化的，即每个边的两个顶点所在数据场中的数值分别大于和小于等值面的数值，这样就保证边上有且仅有一点满足等值面的数值。由于有旋转对称性的存在，立方体的体素可以有 15 种模式，对于模式 0~7，还有对偶的补充模式，模式 8~14 是自身对偶的，没有补充模式。

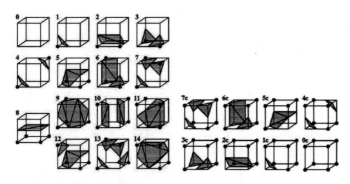

图 8.4 Marching Cube 的 15 种模式和 8 种补充模式

然而上述的模式在算法中还有一些歧义性，会造成局部的面缺失或者面重合，但这种算法固有的歧义性已经在实际应用中得到解决。

由以上论述可知，利用这种算法得到的曲面是由连续的三角面拼接而成的 Mesh 曲面。

基于等值面的算法，这里取通气薄壁组织形成的一个极端形态，即细胞间隙以球的形态不断扩大，当细胞间隙连通时，形成空间的曲面的过程来定义等值面方程（同图 8.2）。其形态生成的流程框图见图 8.5。

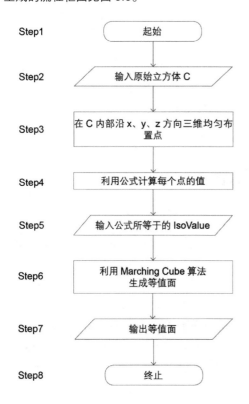

C：初始立方体，将此立方体进行空间等值分割后进行等值面的计算

图 8.5 算法程序框图 8——通气薄壁组织形态的算法框图

91

在此流程图中，Step2 的初始立方体是"通气薄壁组织"所在的范围。

Step3 中均匀布置的点越多，则 Step6 中生成的等值面三角形越密，曲面越光滑。

Step4 是最关键的一步，这里的方程决定了等值面的基本形态。

Step5 中的值决定等值面不同的梯度，如果等值面是球形的话，改变 IsoValue 会得到同心不同径的不同球体。

Step6 中生成的方法在不同的软件中已经有可供直接选择的模块。

（四）通气薄壁组织形态的算法程序

该算法可以用 Grasshopper 自带的 C# 语言和 Millipede（Grasshopper 的插件）中的 Iso Surface 运算器（图 8.6 中的右侧运算器）进行模拟。

有关空间点阵的分布和每个点所带的值的算法可以用 C# 语言进行写入，源代码如下。

```
private void RunScript(Box b, int rx, int ry, int rz, Point3d p1, Point3d p2, Point3d p3,
double r1, double r2, double r3, ref object V)
    {
      List<double> v = new List<double>(rx * ry * rz);    // 建立空的数组，数字的个数为
rx * ry * rz。
      double v_ = 0.0;
      double nx;
      double ny;
      double nz;   // 定义了一些数字。
      for(int k = 0; k < rz;++k) {
       nz = k / (rz - 1.0);
       for(int j = 0; j < ry;++j) {
        ny = j / (ry - 1.0);
        for(int i = 0; i < rx;++i) {
         nx = i / (rx - 1.0);      //x、y、z 方向的 for 循环，为了后续的取点。
         Point3d p = b.PointAt(nx, ny, nz);      // 在原始输入的立方体中取点。
         v_ = Math.Min(Math.Min(Math.Pow((Math.Pow(p.X - p1.X, 2) + Math.Pow(p.Y
- p1.Y, 2) + Math.Pow(p.Z - p1.Z, 2)), 0.5) - r1,
           Math.Pow((Math.Pow(p.X - p2.X, 2) + Math.Pow(p.Y - p2.Y, 2) + Math.Pow(p.
Z - p2.Z, 2)), 0.5) - r2),
           Math.Pow((Math.Pow(p.X - p3.X, 2) + Math.Pow(p.Y - p3.Y, 2) + Math.Pow(p.
Z - p3.Z, 2)), 0.5) - r3
           );      // 这是最关键的一步，定义了等值面的方程，即求出立方体中的所有点
到三个输入点的距离后减去半径，既是点到球面的距离。
         v.Add(v_);      // 将生成的值归入数组。
      }   }   }
      V = v;   // 输出数组。  }
```

上述的过程是求出空间数据，将数据输入到 Millipede 软件或者 Somnium 软件[1]中的 IsoSurface 模块即可生成 Mataball 形体，即模拟细胞间隙增长和融合过程的步骤（图 8.6）。

1　二者都是 Grasshopper 插件，可以完成等值面的输出。

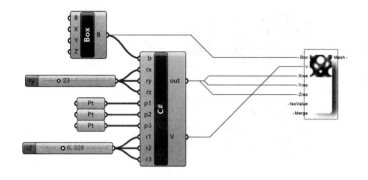

图 8.6　完整程序

（五）通气薄壁组织形态的原型模拟

图 8.7 中左侧图是按照上面的数字工具生成的"细胞间隙不断扩大"的形体（IsoValue= 半径，对应图 8.2），中间图模拟的是细胞间隙沿着三条曲线形成，并在生成过程中细胞间隙不断融合（对应图 8.3），右侧图是前两者的结合。

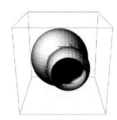

图 8.7　原型模拟

（六）其他形体的生成

利用此算法生形时影响形体的参数是空间上分布点在 x、y、z 方向的数量（即所谓的 Marching Cube 的数量）、输入的控制点、到控制点的距离、等值面生成的方程。改变这些参数，可以生成不同的形态结果。

比如改变上述 C# 语言中的方程，或者输入不同的起始几何形体（如图 8.7 中输入的点和曲线）就可生成不同的结果。

图 8.8 中左侧图的生形方程为 sin(x)+sin(y)+sin(z)=0，右侧图的生形方程为 sin(x)*sin(y)*sin(z)+sin(x)*cos(y)*cos(z)+cos(x)*sin(y)*cos(z)+cos(x)*cos(y)*sin(z)=0。

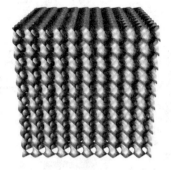

图 8.8 等值面算法生成的其他形体

图 8.9 是由立方体内 12 个（左图）、15 个（中图）、18 个（右图）随机点而形成的等值面。

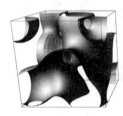

图 8.9 等值面算法生成的其他形体

图 8.10 是由立方体内的 1 条空间曲线和 12 个点而形成的等值面，具有通气薄壁组织在空间上互相连通的特点。

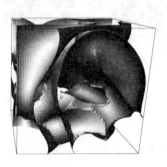

图 8.10 等值面算法生成的其他形体

（七）建筑形体的生成

本节以一个景观小品为例来说明运用上述算法进行设计形体的生成。该小品坐落在河北邯郸永年县龙泉湖湿地公园（景观设计师：曹凯中）。

首先控制移动立方体的体量，利用算法生成等值面。方程为：
cos(x)*sin(y)+cos(y)*sin(z)+cos(z)*sin(x)=0，见图 8.11。

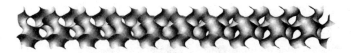

图 8.11　建筑形体生成过程之一

　　将立方体进行变形，使生成的等值面变化为圆环形，调整尺寸，使模拟"通气薄壁组织"的"气道"能够让人通过，形成适合人的尺度的景观小品，可以让人置身于环内（图 8.12）。

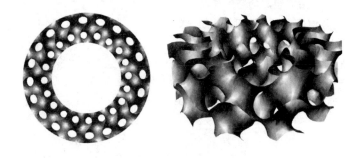

图 8.12　建筑形体生成过程之二

图 8.13　建筑形体鸟瞰图

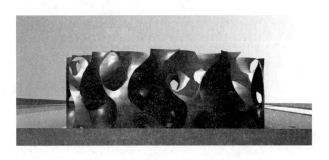

图 8.14　建筑形体透视图

（八）通气薄壁组织形态算法特点

等值面算法是将空间数值转化为曲面的算法，可用方程给空间点赋值，同时确定方程中的 IsoValue 参数值，接着用 Marching Cube 算法生成 Mesh 面，由于方程的多选择性以及 IsoValue 参数值的多可能性，可生成的形体具有多样性。另一种方法可采用几何形体的原始输入，使生成的等值面是基于原始形体的结果，这样可获得更丰富的形体类型。

但等值面算法生成的形体都是由面组成的空间形体，而且由 Marching Cube 算法生成的等值面由三角形组成，如果要生成以杆件组成的形体，则需要对生成的面体进行加工才能获得。

此算法可在两个方向上进行拓展：(1) 可通过多种方程，形成不同方程的空间等值面供选用；(2) 作为辅助算法，在不同的软件中编辑形成外置的等值面曲面算法库，以供不同软件调用。

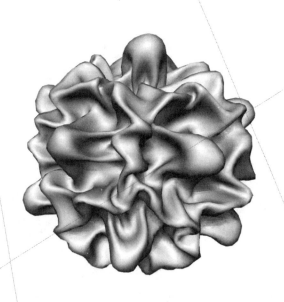

09

植物传递细胞内壁
形态的算法程序
及数字设计

（一）传递细胞内壁的形态及特点

传递细胞是植物体内一种可以迅速传递物质的薄壁组织细胞，一般分布在植物体内物质转移的关键部位，如子叶节、茎节、小叶脉及筛管或导管周围等处，有分泌、吸收和短距离运输等功能，也称其为转输细胞或转移细胞。20 世纪 60 年代后期，借助超薄切片技术和电子显微镜技术，确认了这种细胞的存在。

图 9.1　传递细胞内壁的形态

传递细胞的内壁具有向内突出生长的特点，形成了很多不规则的突起，充满褶皱；褶皱使紧贴细胞内壁的质膜的表面积大大增加，例如紫花豌豆小叶脉中的传递细胞，质膜面积可比同样大小而具光滑细胞壁的细胞质膜面积大 10 多倍。

（二）传递细胞内壁形态的分析图

传递细胞内壁为了增加表面积，从光滑的形态向褶皱表面发展，并在某些地方形成半凸起，甚至独立的凸起物。

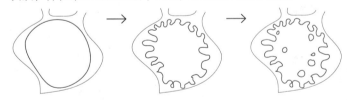

图 9.2　传递细胞内壁形态分析图

（三）传递细胞内壁形态的算法研究

该形态特点可以认为是在光滑的膜结构的基础上通过对曲面控制点的向内移动以形成褶皱形态来增加膜的表面积，形成不规则突起。如图 9.3 所示，左侧图示意光滑的细胞壁，将其细分后得到控制点以及控制点之间的连线，将控制点拉伸，给予一定的随机活动范围，同时保证连线（中间图的点连线）在一定范围内缩放，即可得到后侧图的褶皱状态。

图 9.3　传递细胞内壁形态分析图

由此总结其算法框图如图 9.4 所示。

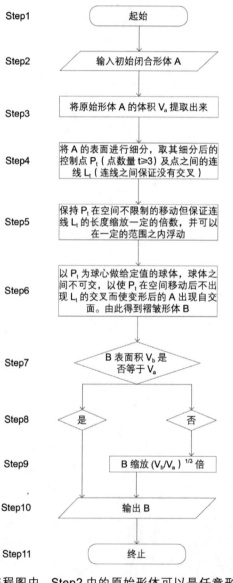

Step1	起始
Step2	输入初始闭合形体 A
Step3	将原始形体 A 的体积 V_a 提取出来
Step4	将 A 的表面进行细分，取其细分后的控制点 P_t（点数量 $t \geq 3$）及点之间的连线 L_t（连线之间保证没有交叉）
Step5	保持 P_t 在空间不限制的移动但保证连线 L_t 的长度缩放一定的倍数，并可以在一定的范围之内浮动
Step6	以 P_t 为球心做给定值的球体，球体之间不可交，以使 P_t 在空间移动后不出现 L_t 的交叉而使变形后的 A 出现自交面。由此得到褶皱形体 B
Step7	B 表面积 V_b 是否等于 V_a
Step8	是　　否
Step9	B 缩放 $(V_b/V_a)^{1/3}$ 倍
Step10	输出 B
Step11	终止

A：初始形体（并无褶皱），以模拟光滑的细胞壁，此形体需闭合，以求出体积；
V_a：A 的体积；
P_t：细分 A 后得到的控制点；
L_t：细分 A 后得到的控制点间的连线；
B：由 A 变化而来的褶皱形体；
V_b：A 的体积

图 9.4　算法程序框图 9——传递细胞内壁形态的算法框图

在此流程图中，Step2 中的原始形体可以是任意形体，但是必须封闭，以便求出其体积。

Step3 中原始形体的体积不变。

Step4 中将内表面细分的方式有多种，采用三角形细分是常用的细分方式，可以保证形体变形后细部较均匀。三角形是稳定的形体，虽然形成褶皱时连线 L_t 可以有一定的长度缩放范围，但其表面的三角形表面面积相当，如泄气的皮球，形成褶皱后表面细部的变化均匀。

Step5 中控制曲面的点可以任意移动，生成褶皱，而曲面控制线（控制点之间的连线）必须保证伸缩在合理范围之内，否则就会出现表面细部及细部之间的比例与原形体差别过大。但此处曲面控制线也不可以恒定不变，因为如果两个三角形三边相等即全等，三角形边恒定不变则细分的三角形不会变化，原始形体也不会变化。

综合 Step4、Step5，可以把 L_t 设计为"弹簧"，即在变形时缩放一定的比例，而变形后尽量恢复原状，以保证细部的变化最小。

Step6 中每个点要与周围的点保证一定的距离，这样会防止褶皱曲面自交。这是球体堆积（Sphere Packing）的概念，保证的距离越大，自交的可能性越小。

因在 Step5 中曲面控制线有允许范围内的变化，会使形体B 的结果出现一些偏差，所以 Step7 中对此进行依次比较以利于后续纠正。

Step8、9 是缩放生成的褶皱形体，使其满足 Step3 中的原始条件。

Step10 中输出的结果可以多样。

（四）传递细胞内壁形态的算法程序

传递细胞内壁褶皱形态的算法可以在 Kangaroo 中进行物理力学的模拟。步骤一（图 9.5），建立一个形体并将其细分，本文此处采用的是球体，细分方式为正二十面体细分（正二十面体细分详见第 17 章）。

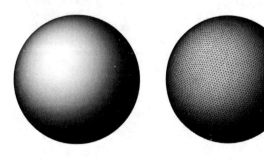

图 9.5 算法模拟步骤一

步骤二，在 Grasshopper 和 Kangaroo 里形成体积缩放的力，如果体积缩小系数为 1，则体积不变（图 9.6）。

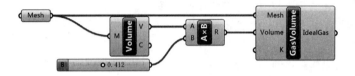

图 9.6　算法模拟步骤二

步骤三，在 Grasshopper 和 Kangaroo 里形成控制表面控制线长度的"力"，即把曲面的控制线长度乘以一个系数，如系数为 1，则表面积不变，同时设置"弹簧"（图 9.7）。

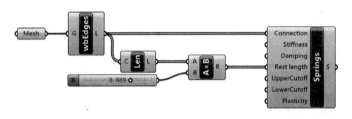

图 9.7　算法模拟步骤三

步骤四，在 Grasshopper 和 Kangaroo 里形成球体之间撞击的力，即把曲面的控制点保持在合理距离内，防止曲面自交（图 9.8）。

图 9.8　算法模拟步骤四

步骤五，将上述的力输入 Kangaroo 运算器，调整参数，生成形体，如果形体不够光滑，可以再加入一个是形体光滑的力或者在 Rhinoceros 中把形体处理光滑。如生成的形体的体积与原设定有偏差，则按照算法中 Step9 缩放，满足初始要求（图 9.9）。

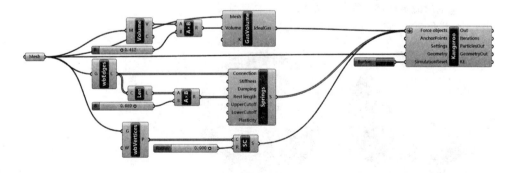

图 9.9　算法模拟步骤五

（五）传递细胞内壁形态的原型模拟

如图 9.10 所示，在左侧图球体的基础上经过运用程序，生成了褶皱的内壁，原来光滑的球体形成了中间图的褶皱形体，右侧图是形体的剖面，在原球体的基础上增加了表面积。

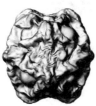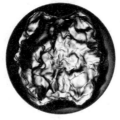

图 9.10　传递细胞内壁的原型生成

（六）其他形体的生成

传递细胞内壁形态的生形算法参数除了原始输入的形体外一共有三个：(1) 算法中 Step5 中使点移动的"力"，即程序中体积缩放的"力"；(2)Step5 中 L_t 长度变化范围，即程序中的弹簧缩放系数；(3)Step6 中球体撞击的"力"，即程序中的四种球体撞击的"力"。但是由此算法发展而来的程序有对时间的要求，即改变程序中步骤二缩放的力——数字滑条的数字输入变化快慢也会对形体生成的结果产生影响。

图 9.11 是取极限状态，如果步骤二的数字输入值变化过快，则生成褶皱的形态类似于原始输入的二十面体细分模式，并呈分形的形态。

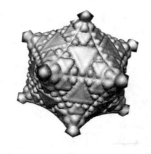

图 9.11　传递细胞内壁的形态算法生成的形体一

图 9.12 是另外一种极限状态，即把步骤三中的弹簧的伸缩值变得远大于其他值，生成的褶皱形体则变形较大。

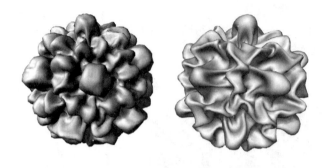

图9.12 传递细胞内壁的形态算法生成的形体二

图9.13是改变输入的原始形体（图中透明形体），依据算法可以生成不同的形体（图中透明形体内部的褶皱形体）。

 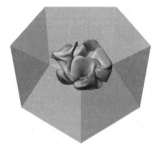

图9.13 传递细胞内壁的形态算法生成的形体三

（七）建筑形体的生成

这里仍以四合院加建设计为例说明算法的运用。

首先建立一个六棱柱，之后将其进行三角形细分。在细分的基础上进行算法的生形设计，生成褶皱形体，取其上部并开口，进行细分后即生成建筑形体（图9.14）。

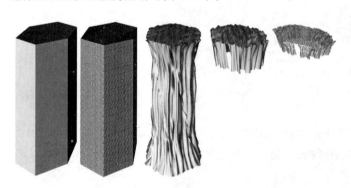

图9.14 建筑形体生成过程

其次将褶皱形体放在四合院中，六边形与院落的四个切角留出绿化空间（图9.15~图9.17）。

图 9.15　建筑形体鸟瞰图

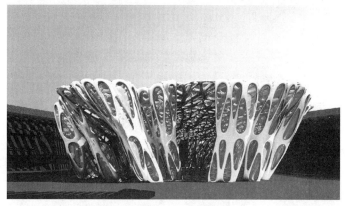

图 9.16　建筑形体透视图

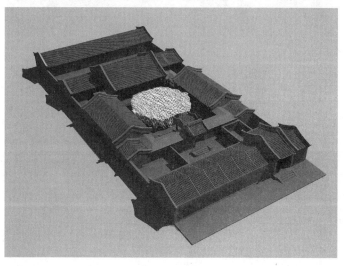

图 9.17　建筑形体鸟瞰图

（八）传递细胞内壁形态算法特点

　　褶皱形态算法的关键在于对原始形体的表面进行变形以生成复杂形体，原始形体的形状影响较大，将决定整体形态，同时，原始形体的表面细分方式也非常重要，它将决定褶皱的形态。

　　在程序中，对参数的数值要进行较小幅度长时间的调整，否则生成的形体就形不成褶皱的形态，而会生成具有分形特征的形体（图9.11）；另外，应合理地选择参数，否则会生成与原形体差别过大的形体。

　　此算法是基于"面"这个几何单元进行复杂形体生成的算法，本书中第4、10、14、17、18、19、20、22、26章中所论述的算法也都涉及基于"面"的形态生成，可将这些算法整合，形成"由面生面"算法系列，以便于系统性使用。

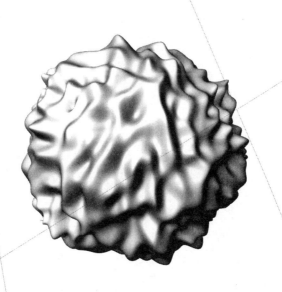

10

植物表皮细胞排列
形态的算法程序
及数字设计

（一）表皮细胞排列的形态及特点

表皮是覆盖在植物体表面起保护作用的组织，其功能为避免水分过度散失、调节植物与环境的气体交换、抵御外界风雨和病虫害的侵袭、防止外力的损伤。表皮由一层活细胞组成，包被在植物幼嫩的根、茎、叶、花、果实的表面、直接接触外界环境；表皮细胞排列紧密，外壁较厚，除气孔外，不存在另外的细胞间隙；表皮细胞通常由不含叶绿体的无色扁平的细胞组成。[1]

不同植物的表皮细胞的单胞体形状各异，单胞体结合在一起所形成的表皮细胞排列形态因而也大不相同，但其基本的规律一致，即单胞与单胞挤压在一起形成细胞层。比如紫鸭跖草叶（图 10.1 左图）表皮细胞的单胞切面形式接近六边形，细胞排列的方式接近六边形镶嵌；而双子叶植物叶子表皮细胞的单胞切面形式却是不规则形状，细胞排列的方式接近不规则单元的镶嵌（图 10.1 右图），图中单胞体间的椭圆形物体为气孔细胞。

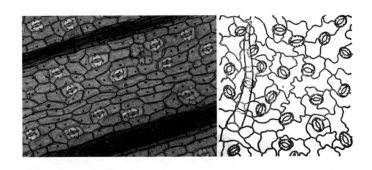

图 10.1 表皮细胞的排列形态

1 参见：百度百科"保护组织"词条。

（二）表皮细胞排列形态的分析图

按照上述表皮细胞排列的特点，如果从单胞及其组合的切面上看，表皮细胞的排列可以用不同多边形如六边形、八边形、不规则多边形等的镶嵌来表示，同时也可以用不规则的任意面镶嵌来表示。并且，如果我们把不同多边体与不规则的任意空间体之间，看成是可以连续转换的，那么，我们就可以描述各种不同的植物表皮细胞排列的形态。以六边形及六面体为例，表皮细胞排列形态的分析图见图 10.2、图 10.3。两图分别示意由规则形体转变为不规则形体。

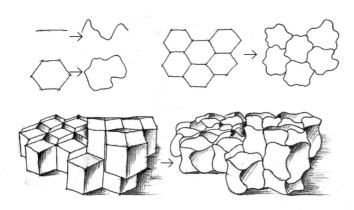

图 10.2　直线变换为曲线、多边形及其组合变换为闭合曲线及其组合的图解

图 10.3　多面体及其组合变换为复杂曲面的组合

（三）表皮细胞排列形态的算法研究

要生成各种不同的植物表皮细胞排列的形态，我们可以进行分步讨论。

首先研究单胞及其组合的切面形态，可以用 Voronoi 设置标准的或者不标准的多边形及其组合，接着可以在多边形的各个边上设置不同数量的点，如果能让这些点沿着垂直于多边形各个边的方向进行不同距离的移动，并且把这些点连成线，那么就得到了不规则多边形的镶嵌排列（图 10.4），进而可以通过同样的方法把平面转变成曲面，这样便可得到不规则的任意面镶嵌（图 10.5）。

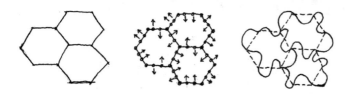

图 10.4　多边形变化过程

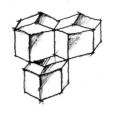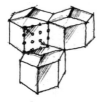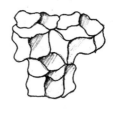

图 10.5　多面体变化过程

柏林噪声函数（Perlin Noise Function）[1]可以帮助我们实现上述点的随机移动。柏林噪声函数是美国纽约大学的计算机科学专业教授柏林（Ken Perlin）于 20 世纪 80 年代早期在研究电影时提出的算法，该算法模拟的噪声具有连续性，并且是以时间作为基本参考对象的，如果把时间定义为平面直角坐标系的 X 轴，柏林噪声的值作为 Y 轴，则函数图像是一个连续变化的一维函数，同理利用柏林噪声也可以模拟二维、三维的图像和形态。

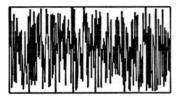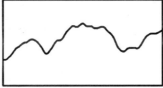

图 10.6　普通随机函数和柏林噪声随机函数的图像

这里可以借鉴柏林噪声函数，并以此为基础进行表皮细胞排列形态的生成。

在流程图（图 10.7）中，Step2、3 生成的是细胞壁呈平面的表皮形态，以此为基础进行变换可以生成边界为曲线或者曲面的多边形或者多面体组合体系。

由于直线只有两个端点是控制点，平面多边形只有角点和边是控制点和控制线，Step4 中需要对直线和平面的控制点进行增加，以保证形成的曲线和曲面更加柔和光滑。

Step5 中二维的直线变成的曲线并不是与生物原型形态相关的形体，而是与生物原型形态的一个切片相关的形体，三维细胞的组合形式的变换是平面边界变化为曲面边界，采用柏林噪声函数对控制点进行干扰，能生成与表皮形态相关的形体。

Step6 中 Bézier 曲线本身是光滑的，Mesh 曲面的光滑程度取决于控制点的数量，如果控制点数量过少，Mesh 曲面会有突变，可以采用拉普拉斯平滑（详见第 4 章）对 Mesh 曲面进行柔化，该柔化方法不会增加Mesh的点(Vertex)数和面(Face)数。

1　这种算法已经被广泛应用于模拟自然界的云朵、火焰，生物的图案纹理等具有自然属性的形态。

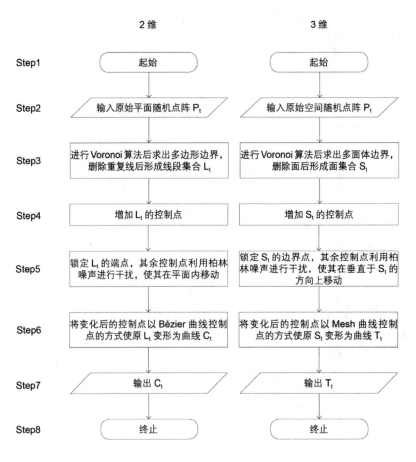

Step1   起始   起始

Step2   输入原始平面随机点阵 P_t 输入原始空间随机点阵 P_t

Step3   进行 Voronoi 算法后求出多边形边界，删除重复线后形成线段集合 L_t 进行 Voronoi 算法后求出多面体边界，删除面后形成面集合 S_t

Step4   增加 L_t 的控制点   增加 S_t 的控制点

Step5   锁定 L_t 的端点，其余控制点利用柏林噪声进行干扰，使其在平面内移动   锁定 S_t 的边界点，其余控制点利用柏林噪声进行干扰，使其在垂直于 S_t 的方向上移动

Step6   将变化后的控制点以 Bézier 曲线控制点的方式使原 L_t 变形为曲线 C_t 将变化后的控制点以 Mesh 曲线控制点的方式使 S_t 变形为曲线 T_t

Step7   输出 C_t 输出 T_t

Step8   终止   终止

P_t：初始点阵，用以形成细胞；
L_t：二维点阵形成的多边形边线；
S_t：三维点阵形成的多面体面；
C_t：L_t 经算法变化后形成的曲线；
T_t：S_t 经算法变化后形成的曲面

图 10.7 算法程序框图 10——植物表皮细胞排列形态的算法框图

（四）表皮细胞排列形态的算法程序

柏林噪声函数已经在很多脚本语言如 Java、C++、Python 中有内置，在不同软件中也有菜单。下述生成形体的过程，使用了 4DNoise（Grasshhopper 的插件），此插件有专门生成柏林噪声数值的功能块。

（五）表皮细胞排列形态的原型模拟

模拟步骤一，如图10.8所示，依据算法Step2、3得到直线（具体步骤可以参考第6章论述的Voronoi算法）。

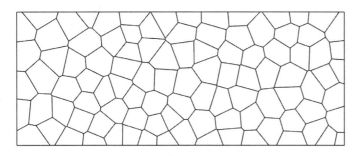

图 10.8 多边形组合

步骤二，如图10.9所示，去除重复线段后增加线段的控制点。

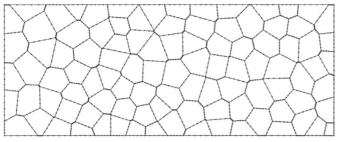

图 10.9 增加线段的控制点

步骤三，如图10.10所示，在Grasshopper中生成柏林噪声随机数（图中圆点处的运算器为柏林噪声随机数生成器，为4DNoise特有、方点处是Grasshopper插件Kangaroo中的消除重线运算器），并使控制点在垂直于直线的方向移动，移动的距离为柏林噪声随机数。以此程序可以模拟表皮细胞的排列形象（图10.11）。

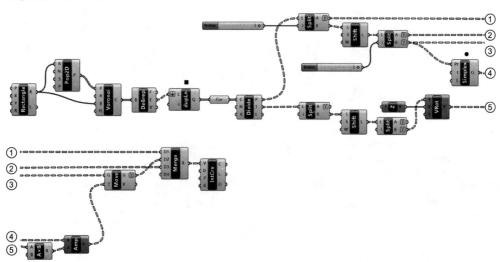

图 10.10 完整程序图

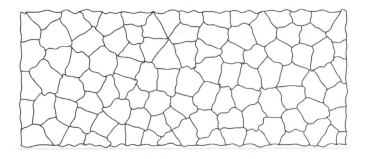

图 10.11 利用上述程序生成的
与表皮细胞排列形态相似的形体

同理，可以用此程序实现三维的形态算法，并生成表皮细胞排列的形态。

步骤一，得到由点和线控制的 Mesh 面，由 Voronoi 算法生成空间多面体组合体后将所有的 Mesh 曲面 Join 在一起，之后利用 Rhinoceros 软件中的 MeshRepair 命令可以将 Mesh 曲面的重复面删除，而得到图 10.12 所示的整体的一个 Mesh 曲面。

图 10.12　处理后的 Mesh

步骤二，提取 Mesh 的控制点和每个 Face 的垂直方向后使点沿着 Face 垂直方向运动，以改变 Mesh 面的形状。图 10.13 是完整程序图，圆点处为 Weavebird（Grasshopper 插件）的 Catmull-Clark Subdivision（详见第 14 章）运算器。

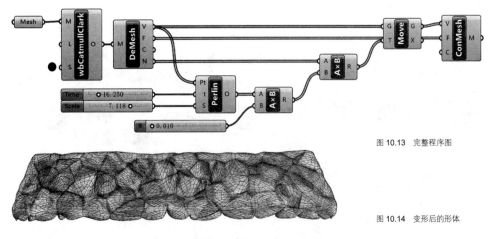

图 10.13　完整程序图

图 10.14　变形后的形体

将图 10.14 的一个细胞提取出来，其形体变化过程更为清晰（图 10.15）。

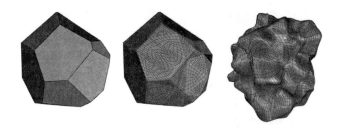

图 10.15 单体变化过程

（六）其他形体的生成

此算法生成形体的过程受到多个参数的影响，这些参数包括初始形体、Mesh 面的细分形式和细分程度、柏林噪声发生器所在的"时间点"、柏林噪声发生器所取的"时间域"、柏林噪声生成值的扩大倍数、利用柏林噪声控制 Mesh 面变形的迭代次数等等，改变这些参数可以生成其他不同的形体。

图 10.16 为以正方形细分的 Mesh 曲面为初始曲面（左侧图）而生成的形体（中间图和右侧图）。

图 10.16　算法生成的形体之一

图 10.17 以正方形细分的 Mesh 曲面（左侧图）为初始曲面而因迭代次数不同而生成的形体（右侧图为在中间图的基础上又进行了一次算法生成，生成二次迭代生成的形体）。

图 10.17　算法生成的形体之二

图 10.18 为以三角形细分的 Mesh 球面（左侧图）为初始曲面而生成的形体（右侧图）。

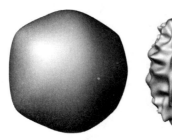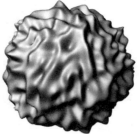

图 10.18　算法生成的形体之二

（七）建筑形体的生成

本节以一个山体中的酒店建筑设计为例来阐述表皮细胞排列形态算法的运用。该建筑设计的基地位于西藏那曲，当地民居"石屋"具有"弧形转角"、"形态不规则"、"具有地坑院"等形式，本方案取其中元素，利用算法生形，使建筑形体呈现自然的形态，能够融入山体环境。

首先是总平面中变化的自由曲线的生成，见图 10.19，左侧为初始曲线，将其细分后得到控制点（中间图），右侧为利用算法变化而成的曲线。

按照生成器生成的建筑形体详见图 10.20~ 图 10.22。

图 10.19　建筑形体生成器

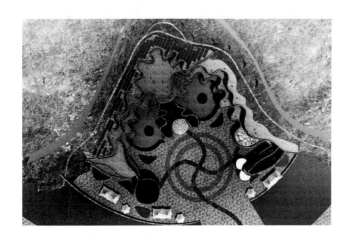

图 10.20　建筑形体总平面图

图 10.21　建筑形体鸟瞰图

图 10.22　建筑形体透视图

（八）表皮细胞排列形态算法特点

该形态算法中使用了柏林噪声函数，它可以给出自然平滑的随机数，生成的形体柔和，因而以它为基础对线或面进行改变就会生成具有渐变特征的形体，因此可以用它对多种生物形态或者自然形态进行模拟。

该形态算法对任何曲线、曲面以及空间形体都可以加以变形，其结果具有不可预见性，适合于景观地形生成设计、铺装生成设计、建筑表皮生成设计等，也可以对单调的几何形体进行复杂化变换，使拓扑一致的形体具有不同的表现形式。此算法也可以通过改变体量的界面而改变三维实体形体，因而它的应用比较广泛。

使用此算法进行生形设计时需要对时间域进行控制，如果所选的时间域过大，则噪声函数所形成的曲线波动明显，不适用于设计。另外，需要注意的是该算法生成的形体有可能出现面自交或者线自交，可以通过改变初始输入的形体或者将时间域缩短而进行解决。

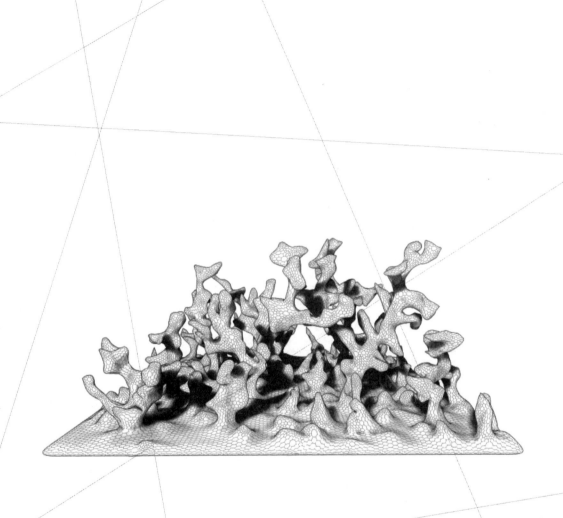

11

动 物 外 分 泌 腺 形 态 的
算 法 程 序 及 数 字 设 计

动物组织由动物细胞及细胞间质构成，通常动物组织分为上皮组织、结缔组织、神经组织、肌肉组织。

　　动物的上皮组织是覆盖在体表、内脏表面、管腔内表面的组织，有感受、分泌、吸收、保护、呼吸 等功能，细胞排列紧密，有少量细胞间质；它分为被覆上皮、腺上皮、感觉上皮等。腺上皮是以分泌功能为主要功能的上皮组织，分为内分泌腺上皮组织及外分泌腺上皮组织两种。外分泌腺通过导管将分泌物排出器官外或者体外。

　　（一）动物外分泌腺的形态及特点

　　外分泌腺是一类有导管的腺体，其分泌物不进入血液，且由导管流出；如肝脏产生胆汁，通过总胆管流到十二指肠；唾液腺、汗腺、皮脂腺、胃腺、肠腺、肝等均属于外分泌腺。[1]分泌细胞在外分泌腺的导管上通过外突、分枝、末端扩大以增加其分泌表皮的面积。

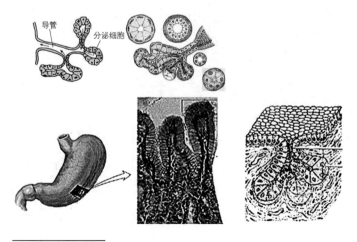

图 11.1　外分泌腺的形态

1　详见：百度百科"外分泌腺"词条。

（二）外分泌腺形态的分析图

有单管状腺（图11.2左一）、单分支管状腺（图11.2左二）、复管状腺（图11.2左三）、复管泡状腺（图11.2左四），它们具有向外凸出、管状分枝的形态特点。

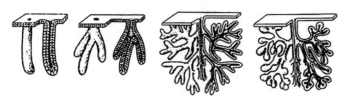

图 11.2　外分泌腺形态的分析图

（三）外分泌腺形态的算法研究

外分泌腺导管上分泌细胞的外突形态通过 DLA（Diffusion-Limited Aggregation，扩散限制凝聚）算法来模拟。DLA 是 1981 年由 T. A. Witten 和 L. M. Sander 提出来的，其基本思想是在空间里有一个固定的初始粒子，之后在空间范围内产生一个粒子做无规则的运动，当与初始粒子的距离到达一定尺寸时，运动的粒子将与固定的粒子产生连接，然后再产生一个运动的粒子，重复上述行为，如此反复得到一个大的 DLA 团簇。该模型运用了简单的算法模拟了生物和自然界的分形机制，可以产生具有标度不变性的分形结构，揭示了部分分形增长的机理。

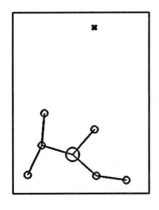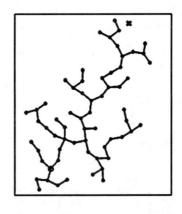

图 11.3　DLA 聚集效应

以 DLA 算法为基础的外分泌腺形态生成流程框图可见图 11.4。

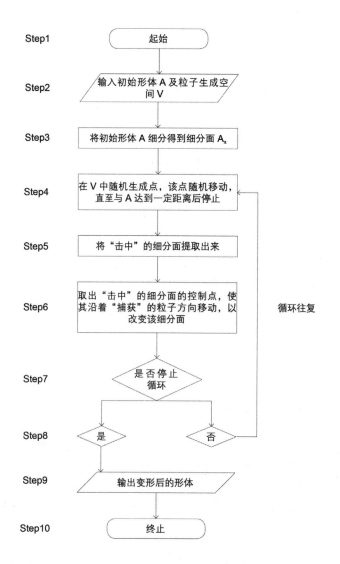

Step1	起始
Step2	输入初始形体 A 及粒子生成空间 V
Step3	将初始形体 A 细分得到细分面 A_x
Step4	在 V 中随机生成点，该点随机移动，直至与 A 达到一定距离后停止
Step5	将"击中"的细分面提取出来
Step6	取出"击中"的细分面的控制点，使其沿着"捕获"的粒子方向移动，以改变该细分面
Step7	是否停止循环
Step8	是 / 否
Step9	输出变形后的形体
Step10	终止

循环往复

A: 初始形体;
V: 点生成及移动的空间

图 11.4　算法程序框图 11——
动物外分泌腺形态的算法框图

在上述流程图中，Step2 中设置的曲面是变形的基础面，可以是任意形状，V 是粒子生成的空间环境，每个 Step4~6 的循环中生成一个粒子。

Step3 中的细分面（Face）是初始曲面进行变形的基础，每个 Face 会单独变形，进而影响曲面整体变形。

Step4 的"捕获"粒子的步骤是 DLA 算法的核心。

Step5 是提取曲面中被"击中"（与粒子距离最近）的 Face，为后续的变形做基础。

Step6 中的 Face 向粒子"来袭"的方向运动（通过对控制点操作而进行变换）。

（四）外分泌腺形态的算法程序

该算法是由曲面及外部的点共同作用而逐步形成新的曲面，以达到模拟外分泌腺形态的目的，可以用 VB 语言予以模拟。[1]

```
    Private Sub RunScript(ByVal Originalmesh As Mesh, ByVal fe As Double, ByVal
ByVal prox As Double, ByVal wu As Double, ByVal collapse As Boolean, ByVal b As Box,
ByVal r As Boolean, ByVal o As Boolean, ByRef m_ As Object, ByRef g_count As Object,
ByRef m_list As Object)
    '定义了最初的输入端和输出端。
        If r = True Then
        Maxlength = Originalmesh.TopologyEdges.EdgeLine(0).Length
        Minlength = Maxlength
        For e As Int32 = 1 To Originalmesh.TopologyEdges.Count - 1
            If Originalmesh.TopologyEdges.EdgeLine(e).Length > Maxlength Then
Maxlength = Originalmesh.TopologyEdges.EdgeLine(e).Length
            If Originalmesh.TopologyEdges.EdgeLine(e).Length < Minlength Then Minlength
= Originalmesh.TopologyEdges.EdgeLine(e).Length     '
        Next
        Minlength = Minlength / 4
        Originalmesh_use = Originalmesh
        Originalmesh_use.FaceNormals.ComputeFaceNormals
        Originalmesh_use.UnifyNormals
        Originalmesh_use.Normals.ComputeNormals
        counter = 0
        Originalmesh_out.clear
        Originalmesh_out.add(Originalmesh_use)
    '把所有原始输入的 mesh 面上的所有的线、面属性全部统一。
        Else
            Dim Randompoint As New Point3d(b.X.ParameterAt(rnd()),
b.Y.ParameterAt(rnd()), b.Z.ParameterAt(rnd()))
    '定义一个自由游动的点。
        If Originalmesh_use.IsPointInside(Randompoint, 0.001, True) = False Then
            Do   '点在内说明点已经"击中"mesh 面。
            Dim vector1 As New Vector3d(w_doOriginalmesh.ParameterAt(Rnd()), w_
doOriginalmesh.ParameterAt(Rnd()), w_doOriginalmesh.ParameterAt(Rnd()))
            vector1.Unitize
            vector1 *= wu
            Randompoint += vector1
            If b.Contains(Randompoint) = False Then Exit Do
                Dim meshpoint As MeshPoint = Originalmesh_use.
ClosestMeshPoint(Randompoint, 0)
            If meshpoint.Point.DistanceTo(Randompoint) <= prox Then
            If Originalmesh_use.IsPointInside(Randompoint, 0.001, True) = False Then
    '把被点击中的面提出来。
                Dim meshface As MeshFace = Originalmesh_use.Faces(meshpoint.
FaceIndex)
                Dim d_vd As New Vector3d(Randompoint - Originalmesh_use.Faces.
GetFaceCenter(meshpoint.FaceIndex))
            d_vd.Unitize
    '定义第一个向量，该向量作用在被 mesh 捕获的点上，方向是被从"击中"的面的中心
指向该点，大小被单元化（Unitize）。
                Dim f_n As Vector3d = Originalmesh_use.FaceNormals(meshpoint.
FaceIndex)
    '定义第二个向量，该向量就是被"击中"的面的法线。
            Dim m_vd As Vector3d
            If vector3d.VectorAngle(f_n, d_vd) > Math.PI / 2 Then
            m_vd = f_n - d_vd
            Else
            m_vd = f_n + d_vd
            End If
            m_vd.Unitize
            m_vd *= 0.8
    '将上述两个向量相加并规定数值。
                Dim a_3d As New Point3d(Originalmesh_use.Vertices(m_f.A).x,
Originalmesh_use.Vertices(m_f.A).y, Originalmesh_use.Vertices(m_f.A).z)
                Dim b_3d As New Point3d(Originalmesh_use.Vertices(m_f.B).x,
Originalmesh_use.Vertices(m_f.B).y, Originalmesh_use.Vertices(m_f.B).z)
                Dim c_3d As New Point3d(Originalmesh_use.Vertices(m_f.C).x,
Originalmesh_use.Vertices(m_f.C).y, Originalmesh_use.Vertices(m_f.C).z)
```

---

1 书中程序由笔者依据 David Stasiuk 的源代码改写。

```
' 把 "击中" 的面的控制点提取出来以供变形用。
        a_3d += m_vd
        b_3d += m_vd
        c_3d += m_vd
' 沿着上述的 m_vd 向量移动 mesh 面上的 face 控制点以变形。
        Dim a_vd As New Vector3d(0, 0, 0)
        Dim b_vd As New Vector3d(0, 0, 0)
        Dim c_vd As New Vector3d(0, 0, 0)
        Dim ab_move As Double = ((Maxlength - a_3d.DistanceTo(b_3d)) / 2) * fe
        Dim ab_vec As New Vector3d(a_3d - b_3d)
        ab_vec.Unitize
        ab_vec *= ab_move
        a_vd += ab_vec
        b_vd -= ab_vec
        Dim bc_move As Double = ((Maxlength - b_3d.DistanceTo(c_3d)) / 2) * fe
        Dim bc_vec As New Vector3d(b_3d - c_3d)
        bc_vec.Unitize
        bc_vec *= bc_move
        b_vd += bc_vec
        c_vd -= bc_vec
        Dim ca_move As Double = ((Maxlength - c_3d.DistanceTo(a_3d)) / 2) * fe
        Dim ca_vec As New Vector3d(c_3d - a_3d)
        ca_vec.Unitize
        ca_vec *= ca_move
        c_vd += ca_vec
        a_vd -= ca_vec
        a_3d += a_vd
        b_3d += b_vd
        c_3d += c_vd
        Originalmesh_use.Vertices(m_f.A) = New Point3f(a_3d.X, a_3d.Y, a_3d.Z)
        Originalmesh_use.Vertices(m_f.B) = New Point3f(b_3d.X, b_3d.Y, b_3d.Z)
        Originalmesh_use.Vertices(m_f.C) = New Point3f(c_3d.X, c_3d.Y, c_3d.Z)
        counter += 1
' 定义 fe（face expansion）的数值，是 face 上的点均在 fe 数值的影响下移动。
        split_edges(Originalmesh_use, Maxlength, Minlength, collapse)
' 将 mesh 的控制线全部打散。
        Originalmesh_use.FaceNormals.ComputeFaceNormals
        Originalmesh_use.UnifyNormals
        Originalmesh_use.Normals.ComputeNormals
        Dim msh_append As New Mesh
        msh_append.Append(Originalmesh_use)
        m_out.add(msh_append)
' 将所有面的属性统一。
        Exit Do
      End If
    End If
   Loop
  End If
 End If
 If o = True Then
  m_list = m_out
 End If
 m_ = Originalmesh_use
 g_count = counter
' 制作动态图像。
```

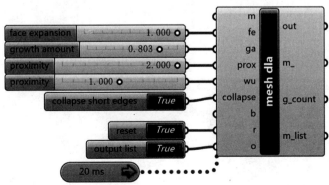

图 11.5 外分泌腺形态算法的程序

（五）外分泌腺形态的原型模拟

将上述的代码写入 Grasshopper 的 VB 功能块，可以生成与外分泌腺形态相似的形体。该形体假设以平面为基础的外分泌腺的导管内壁，向外"增长"以增加分泌的表面积（见图 11.6，图中形体由 David Stasiuk 生成）。

图 11.6　外分泌腺形态的模拟

（六）其他形体的生成

结合编程可知，控制该形体生成的参数主要有 fe（影响 face 上点移动的数值参数）、prox（控制点到曲面的距离的参数，达到此值点停止运动）、wu（face 每一步"增长"数值的变化参数，每一步的增长数值均乘以 wu）、生成点的环境、初始形体。

图 11.7 中形体是以球面为基础，向外"增长"以增加表面积。

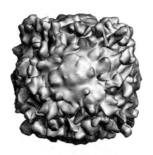

图 11.7　算法生成的其他形体之一

图 11.8 中的形体以一点为初始，不断聚集点而形成线，进而生成三维形体。

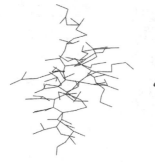

图 11.8　算法生成的其他形体之二

图 11.9 中的形体是以二维圆形为初始形体，不断聚集点生成外凸分枝形态的过程。

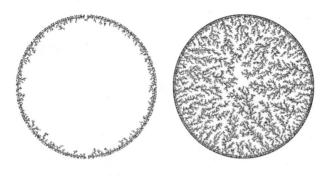

图 11.9　算法生成的其他形体之三

（七）建筑形体的生成

本节以一处在湖边的建筑设计为例说明外分泌腺形态算法的运用。如图 11.10 所示，通过上述算法形成建筑形体基本的分支形态，在该分支网络的基础上加入管状截面可生成基本的建筑形体（图 11.11）。

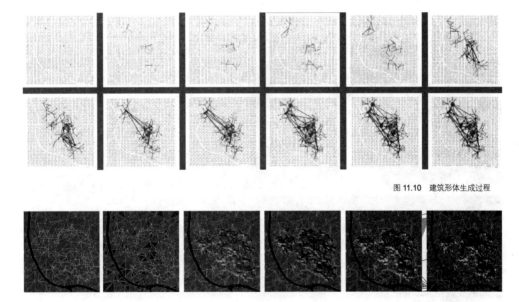

图 11.10　建筑形体生成过程

图 11.11　建筑形体雏形

进一步深化雏形可得到设计方案（图 11.12~ 图 11.14）。

图 11.12　建筑形体透视图

图 11.13　3D 打印的建筑形体模型

图 11.14　建筑形体总平面图

（八）外分泌腺形态算法特点

DLA 算法是一个可以模拟随机分枝形态的算法，故利用该算法生成的形体可以用在分枝状的建筑形体上，比如柱子的设计、分叉的展览空间组合的设计等。该算法也可以实现对二维平面的均匀填充（见图 11.9），故该算法也可以对建筑表皮或者二维界面进行生成设计，生成表皮、铺装纹样等。该算法也可以实现对三维空间的填充，但是都是由杆件填充而成，能够生成由杆件而形成的复杂结构形体。

利用此算法进行生形设计时需要考虑时间的因素，因为每个粒子的"附着"需要一定时间的前期"游走"，所以生形的时间较长，如果需要重新生形时，无法对现有形体进行回归。解决这个问题的方法是打开多个程序，输入同一个参数组合，同时生成多个形体以挑选最优解。

此算法可在两个方向上进行发展：（1）在二维上与扩散方程的二维形式、Voronoi 算法的二维应用、二维的自相似细分算法、L-System 的二维应用、叶序算法的二维应用、聚合果形态算法的二维应用、海绵生长过程形态算法的二维应用、多次旋转对称平面镶嵌算法、同律分节算法的二维应用组成对平面进行"切割"的算法系列，可用其进行多样化的平面图形的设计；（2）在三维上与 L-System、海绵生长过程形态算法、扩散方程的三维形式、黏菌形态算法组成空间"分叉线"生成的算法系列，用以生成多样化的"分叉"形体。

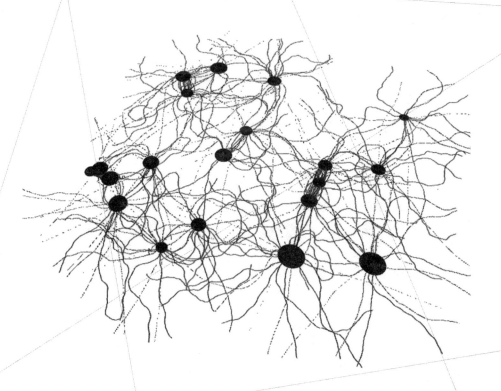

12

成纤维细胞形态的
算法程序及数字设计

动物的结缔组织由细胞和大量细胞间质构成，细胞如巨噬细胞、成纤维细胞、浆细胞、肥大细胞等，这些细胞散居于细胞间质内，具有连接、支持、营养、保护等多种功能。结缔组织具有很强的再生能力，创伤的愈合多通过它的增生而完成。结缔组织又分为疏松结缔组织(如皮下组织)、致密结缔组织(如腱)、脂肪组织等。

（一）成纤维细胞的形态及特点

　　动物的组织由细胞及细胞间质构成，通常动物组织分为上皮组织、结缔组织、神经组织、肌肉组织。上皮组织是覆盖在体表、内脏表面、管腔内表面的组织，有感受、分泌、吸收、保护、呼吸等功能，细胞排列紧密，有少量细胞间质；它分为被覆上皮、腺上皮、感觉上皮等。腺上皮是以分泌功能为主要功能的上皮组织，分为内分泌腺上皮组织及外分泌腺上皮组织两种。外分泌腺通过导管将分泌物排出器官外或者体外。

　　成纤维细胞是疏松结缔组织的主要细胞成分，由胚胎时期的间充质细胞分化而来；成纤维细胞较大，轮廓清楚，多为突起的纺锤形或星形的扁平状结构，其细胞核呈规则的卵圆形，核仁大而明显；成纤维细胞功能活动旺盛，细胞质嗜弱碱性，具有蛋白质合成和分泌的功能；成纤维细胞对不同程度的细胞变性、坏死和组织缺损以及骨创伤的修复有着十分重要的作用。

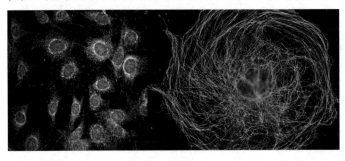

图 12.1　成纤维细胞形态

成纤维细胞初始细胞群呈现多中心单细胞游离的状态；初始时其细胞周围蛋白丝数量较少，细胞之间通过蛋白质纤维丝联系和传递信号；应激时细胞大量分泌蛋白丝，蛋白丝相互连接、缠绕，与其他成纤维细胞共同组成多中心的复杂的网状结构。

（二）成纤维细胞形态的分析图

图 12.2 中的左侧图示意一个细胞的状态，其周围分布少量蛋白丝与其他细胞传递信息，蛋白丝在靠近细胞处呈分散状态，在远离细胞处呈现游离状态，右侧图示意不同细胞间的蛋白丝在传递信息。

一旦收到应激信息，则细胞大量分泌蛋白丝，使细胞之间连成一体，形成由蛋白丝和细胞组成的多中心网络状结构（图12.3）。

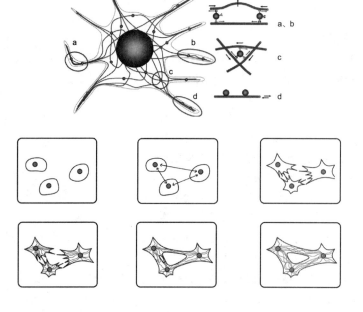

图 12.2　成纤维细胞信号传递分析图

图 12.3　成纤维细胞形态分析图

（三）成纤维细胞形态的算法研究

本章尝试用磁感线规则来模拟成纤维细胞纤维丝向外生长的形态。法拉第（Michael Faraday）于 1831 年提出磁感线规则，单条磁感线闭合，在磁铁外部从 N 极出来，回到 S 极；在磁铁内部则是从 S 极指向 N 极；外部磁感线为曲线，内部磁感线沿着磁铁的形状走向；磁感线上每一点的切线方向代表着磁场的方向；磁感线之间是互不相交的，但是磁感线的密度反映了磁感应强度的大小。

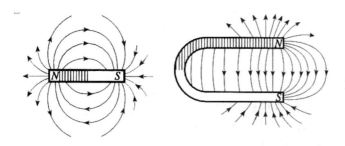

图 12.4 磁感线及其分布

我们可以把两个成纤维细胞之间逐渐生长并最终互相联系的纤维丝用磁感线的线条来表示，这样磁感线的生长起点及终点可看作成纤维细胞的细胞核；但是磁感线过于规则，因而还需借用普通随机函数对生成的磁感线进行干扰以使其更接近成纤维细胞核之间的纤维丝形态。成纤维细胞及纤维丝的形态算法框图可表示如图 12.5 所示。

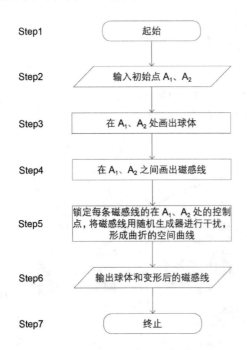

Step1	起始
Step2	输入初始点 A_1、A_2
Step3	在 A_1、A_2 处画出球体
Step4	在 A_1、A_2 之间画出磁感线
Step5	锁定每条磁感线的在 A_1、A_2 处的控制点，将磁感线用随机生成器进行干扰，形成曲折的空间曲线
Step6	输出球体和变形后的磁感线
Step7	终止

图 12.5 算法程序框图 12——
成纤维细胞形态的算法框图

在上述流程图中，Step2、Step3 中的初始点每次模拟时选择两个，分别模拟磁铁的 N 极和 S 极，Step3 中所绘球体模拟成纤维细胞，Step5 中生成的变形后的曲线模拟的是成纤维细胞之间互相联系的蛋白丝。

在 Step5 中借用了普通随机函数对曲线进行干扰，生成的数字具有强随机性和无关联性，以模拟纤维丝在空间游荡的无序性。此外，Step5 中强调每条"纤维丝"的首尾两点（A_1、A_2 点）需要锁定，即所有的纤维丝均以两点作为起始点和终止点。

（四）成纤维细胞形态的算法程序

可采用 Flowl[1] 模拟磁感线的生成，StreamLines3D 功能块为 Flowl 模拟磁感线的特有功能块；也可以用 Grasshopper 自带的 Field 模块来模拟磁感线。生成的磁感线还需要用随机数进行干扰，以生成"游离"的曲线。

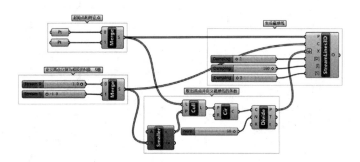

图 12.6　Flowl 对磁感线的模拟

之后是对生成曲线的随机干扰，此处将表皮形态算法中的柏林噪声函数随机生成器修改为 Jitter 随机生成器，生成的数字无连续性和关联性。

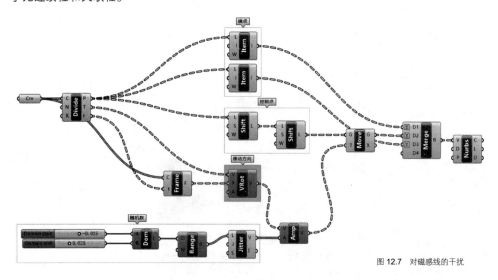

图 12.7　对磁感线的干扰

1　Grasshopper 专门模拟磁感线的插件。

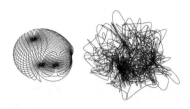

图 12.8 生物原型模拟（两点与三点）

（五）成纤维细胞形态的原型模拟

将上述程序结合使用，磁感线通过随机生成器变形后，得到与成纤维细胞及其纤维丝形态相似的形体。如图 12.8 所示，该形体以两个点（左侧图）、三个点（右侧图）作为基准点生成形体，随机值大小不同，对基本磁感线的变形干扰也不同；图 12.9 为以多点为基础对生物原型的模拟。

图 12.9 生物原型模拟（多点）

（六）其他形体的生成

控制该算法生成形体的参数是输入的各点"电荷"即细胞所在位置、"电荷"的数值（控制着磁感线的条数）、迭代的步长和次数（即每一步形成的直线均按照当前的曲线的切线方向进行迭代，以形成一个完整闭合的曲线），另外就是表皮形态算法中的随机数生成器的控制参数，改变这些参数可得到其他形态。

图 12.10 为"蛋白丝"和"细胞"平铺在一定范围内而得到的二维分枝网络。

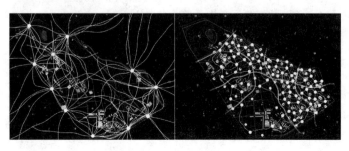

图 12.10 二维网络

图 12.11 中的形体以"体块"作为代替算法中 Step3 生成的球体，之后将任意两个形体间的"蛋白丝"聚集为一束，用 Millipede 软件包裹形体和曲线，从而生成右侧形体。

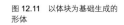
图 12.11　以体块为基础生成的形体

图 12.12 是以三点为基准点，左侧图示意上部点为 N 极，下部点为 S 极，中间点具有"旋转"的场力，在左侧图的基础上经过计算而生成右侧图（随机函数采用的是柏林噪声）。

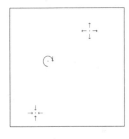

图 12.12　算法生成的线组合

（七）建筑形体的生成

本节以一个在湖边的园区管理建筑设计为例，说明成纤维细胞形态算法的运用。

首先利用四个点之间的"蛋白丝"（变形磁感线）而生成基本的线条，以及在基本线条的基础上生成的基本建筑形体。

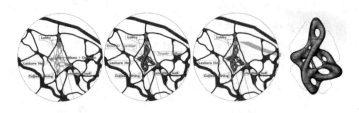

图 12.13　基本建筑形体生成过程

之后对基本建筑形体进行融合、三角细分后得到建筑形体（图 12.14、图 12.15）。

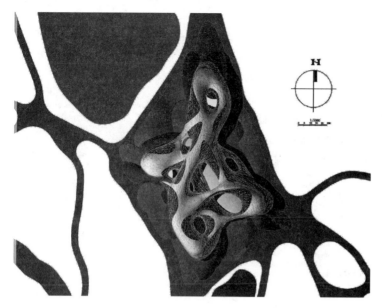

图 12.14　总平面图

图 12.15　透视图

（八）成纤维细胞形态算法特点

基于磁感线的成纤维细胞形态算法主要解决了多个中心点或者多个空间点阵以曲线相连的问题。由此算法生成的形体以点、线组成空间网格，它适宜作为线性或管状建筑的雏形，如展览空间、规划路网、线形园林小品等。

使用该算法进行生形设计时，需要注意迭代的步长和次数不宜过小，否则会出现点与点之间的断线；如果随机数差别过大，则会出现空间曲线的自交，因而应选择温和的参数，或者用其他算法如等值面算法进行后续设计。

此外，还可对该算法进行改写，将随机函数调整得幅度更小，那么可以在现有点之间生成更"柔美"的线条。

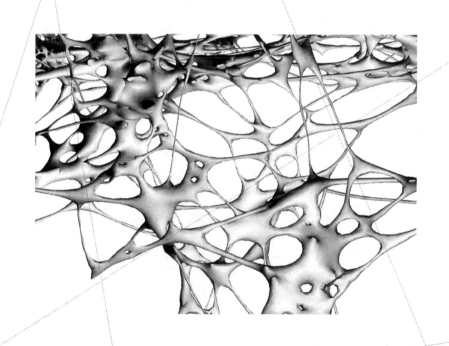

13

骨小梁形态的
算法程序及数字设计

（一）骨小梁的形态及特点

骨组织是一种坚硬的结缔组织，它由细胞、纤维和基质构成，基质具有大量的钙盐沉积，因而坚硬，能构成身体的骨骼系统。骨分密质骨与松质骨，松质骨是由骨板形成有许多较大空隙的网状结构，网孔内有骨髓，松质骨存在于长骨的股端、短骨和不规则骨的内部；骨皮质是分布在骨头外周表面的骨密质；骨小梁是骨皮质在松质骨内的延伸部分，即骨小梁与骨皮质相连接，对图13.1进行分析可看到，骨小梁在骨髓腔中呈不规则立体网状结构，如丝瓜络样或海绵状。

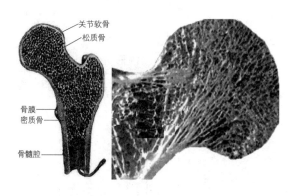

关节软骨
松质骨
骨膜
密质骨
骨髓腔

图 13.1　骨骼剖面以及骨小梁

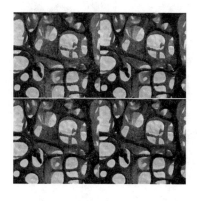

图 13.2　骨小梁显微图

143

（二）骨小梁形态的分析图

当骨受到外力作用，其产生的内力将会传递给骨小梁，而骨小梁根据不同的情况会以一种动态的形态，构成最有效的力学系统来承担荷载。因而骨小梁会随着骨的受力状态而改变其形态，它的排列形态受外界微环境的影响而变化，形成与微环境的互动。骨小梁形态的变化过程是从平衡走向不平衡又走向新的平衡，这样不断往复回馈的动态变化过程。

我们可以把骨小梁的动态变化形态看成空间网络状，当受到力的作用后，通过控制点的位移可改变其网络形状，使原网络状形成新的网络形状，在此过程中，规则网络变化成复杂网络。

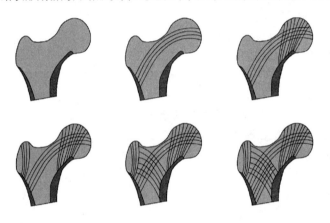

图 13.3　骨小梁的分布示意

由上图可知，骨小梁按照外力来排列自己的"线型"，每根骨小梁均是由周围的物质汇聚而成。我们可以将骨小梁的形成过程看作是一个从规则网络"汇集"成复杂形体的过程如图13.4所示，左侧图示意物质在空间中均匀分布，在与外界互动和自组织的过程中，物质逐步"汇集"（中间图），最终汇集成一根骨小梁（右侧图）。

图 13.4　骨小梁的分布示意

（三）骨小梁形态的算法研究

骨小梁的形态是一个从规则的形态走向动态平衡的、复杂的形态的过程，可用以下框图表示其形态生成过程。

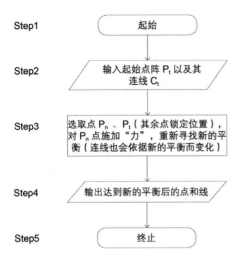

Step1　起始

Step2　输入起始点阵 P_t 以及其连线 C_t

Step3　选取点 P_n、P_t（其余点锁定位置），对 P_n 点施加"力"，重新寻找新的平衡（连线也会依据新的平衡而变化）

Step4　输出达到新的平衡后的点和线

Step5　终止

P_t：初始点阵；
C_t：初始点阵的连线；
P_n：初始点阵中的一部分点，集合 P_n 属于集合 P_t（$P_n \in P_t$）

图 13.5　算法程序框图 13——骨小梁形态的算法框图

在上述流程图中，Step3 中的"内力"的产生是发生形变的条件。生物自组织的形态在无外界影响因素的条件下是该步骤运行前的状态，施加影响因素后自组织系统会产生内力（点之间连线上的力），系统的形态由有序变为无序之后再变为有序，即新的平衡。在 Step3 中也可以在两个点之间设定"弹簧"以模拟"内力"。

在 Step4 中新的平衡有可能是运动的平衡，此时输出的是运动平衡状态的某一时刻的定格记录。

（四）骨小梁形态的算法程序

上述生形流程框图可以在 Rhinoceros、Grasshopper、Kangaroo[1] 中实现形式生成。

首先利用 Weavebird 对原始的 Mesh 面进行细分，提取出其中的边、点等元素，以生成上述初始的规则线网络（图13.6）。

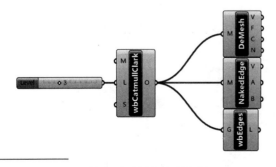

图 13.6　细分规则的线网络

1　Kangaroo 软件是 Grasshopper 的插件，专门提供物理上的力场模拟。

其次，在Kangaroo里设置"弹簧"以模拟内力，依据这个"内力"以及"固定点"重新生成Mesh。

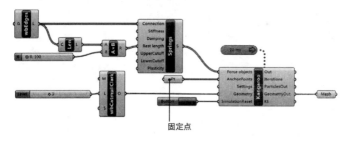

固定点

图 13.7　设置"弹簧"

将上述的两个程序连在一起，得到能够模拟骨小梁形态的基本程序。

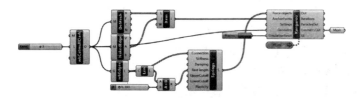

图 13.8　骨小梁形态算法的基本程序

（五）骨小梁形态的原型模拟

用上述程序可以生成三维的骨小梁模拟形态。如图 13.9 所示，左侧图示意原始的规则网络，右侧图则是经过程序运算生成的骨小梁模拟形态。

图 13.9　形体变化图

（六）其他形体的生成

这一算法能够把规则线网变成复杂形态网，其主要的影响因素是加载在联系点之间线的"力"。

图 13.10 是依据不同初始形状而生成的形体。

图 13.10　不同的形体

此外，此算法能够将线"汇聚"，形成以线为基础的网络。
图 13.11 在矩形体内用算法生成渐变的复杂网络。

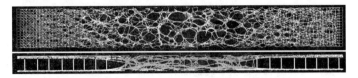

图 13.11　渐变网络

图 13.12 是以此程序生成的"空间网络"。

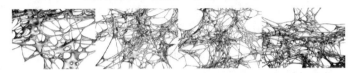

图 13.12　空间网络

（七）建筑形体的生成

本节以一个公园规划为例说明骨小梁算法程序的运用。

规划用地为一个多边形形状，首先在用地内生成若干平面
网络，运用程序将力作用于规则的平面线网，并不断地变化参数，
将平面线网变成复杂的线网；在变形后线网中，将大尺度的空
洞作为水系及农田，中等尺度的空洞作为广场及湿地，边缘空
洞作为入口广场，而线型较集中密布之处则作为道路，或布置
建筑物（图 13.13、图 13.14）。

图 13.13　规划网络生成过程

图 13.14　总平面图

147

（八）骨小梁形态算法特点

骨小梁形态算法是一种生成空间线系统的形态生成算法，它可以打破规则的系统，让有序变为无序，又可让无序形成新的形态。该算法生成的形态具有明显的网络状特征，可以用作线性建筑形体或规划形态，如规划路网、空间复杂结构、景观小品等，该算法也可以生成工业产品如首饰、家具、装饰品等。该算法生形时，需要对形态不断调整，并定格记录多个过程形态，最终选择合适的形体。

该算法可与各种优化算法相结合，并进一步与结构分析软件如 Midas、Parastaad 等结合，可把网络系统形态发展成建筑结构系统，从而发展成为形式与结构统一的建筑设计。

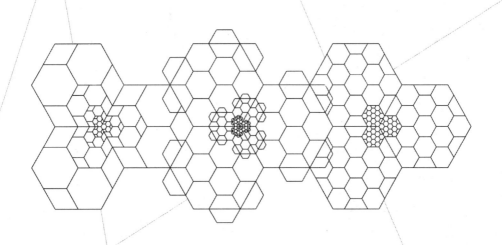

14

骨骼肌形态的
算法程序及数字设计

（一）骨骼肌的形态及特点

动物的肌肉组织可以分为平滑肌、骨骼肌和心肌三种。骨骼肌主要分布于四肢，人体有 600 多块骨骼肌。肌肉组织主要是由肌细胞构成的，肌细胞呈纤维状，不分支。

骨骼肌有明显横纹，核很多，且都位于细胞膜下方。肌细胞内有许多沿细胞长轴平行排列的细丝状肌原纤维，每一肌原纤维都有相间排列的明带及暗带，相邻的各肌原纤维，明带均在一个平面上，暗带也在一个平面上，因而肌纤维显出明暗相间的横纹，因此骨骼肌也被称作横纹肌。

大多数骨骼肌借肌腱附着在骨骼上。分布于四肢的每块肌肉均由许多平行排列的骨骼肌纤维组成，它们的周围包裹着结缔组织；包在整块肌外面的结缔组织为肌外膜，它是一层致密结缔组织膜，含有血管和神经，肌外膜的结缔组织以及血管和神经的分支伸入肌内，分隔和包围大小不等的肌束，形成肌束膜；分布在每条肌纤维周围的少量结缔组织为肌内膜，肌内膜含有丰富的毛细血管。各层结缔组织膜除有支持、连接、营养和保护肌组织的作用外，对单条肌纤维的活动乃至对肌束和整块肌肉的肌纤维群体活动也起着调整作用。[1]

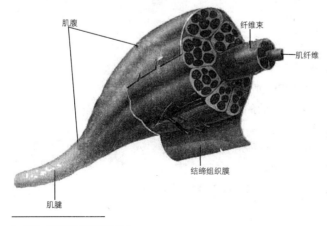

肌腹　纤维束　肌纤维

结缔组织膜

肌腱

图 14.1　骨骼肌的解剖形态

1　详见：百度百科"骨骼肌"词条。

（二）骨骼肌形态的分析图

骨骼肌的形态主要为梭形或扁带状，从其横断面的形态来看，从纤维束、到肌纤维、再到肌细胞的形态构成具有自相似的特点。

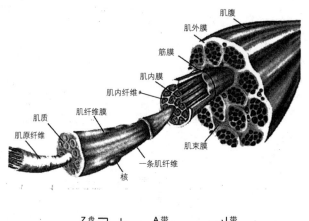

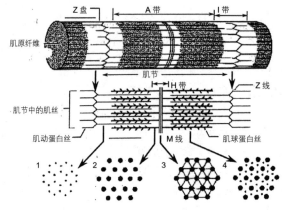

图 14.2　骨骼肌的形态图解

（三）骨骼肌形态的算法研究

根据上述骨骼肌的形态特点，我们可以用自相似分形关系来模拟骨骼肌的横断面形态，并进而纵向生成骨骼肌的梭形或扁带状立体形态。进一步观察骨骼肌的横断面，其实从纤维束、到肌纤维、再到肌细胞，其形态是不规则的形态，有三角形、四边形、多边形等形状。这样，要生成骨骼肌的横断面形态，可借用自相似细分（Self-Similarity Subdivision）算法，该算法是对初始形体的自相似细分，即对初始形体缩小后再以整数缩小单元填充初始形体。骨骼肌的横断面形态生成流程框图可如图 14.3 所示。

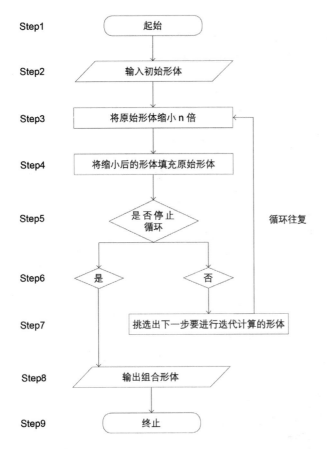

Step1	起始
Step2	输入初始形体
Step3	将原始形体缩小 n 倍
Step4	将缩小后的形体填充原始形体
Step5	是否停止循环
Step6	是　　　否
Step7	挑选出下一步要进行迭代计算的形体
Step8	输出组合形体
Step9	终止

循环往复

图 14.3　算法程序框图 14——骨骼肌形态的算法框图

在上述流程图中，Step3 中涉及平面的镶嵌问题，并不是所有的多边形均能够无缝填塞一个平面。

Step7 中对进行下一步迭代的形体的选择可以有多种方式，可以随机选择，也可以用其他因素干扰。

二维上来看，最常见是以四边形或者三角形细分单元填充原图形，其余的形式均是在此两种形式的基础上发展而来的，两种形式对应的经典算法分别为 Catmull-Clark Subdivision 算法和 Loop Subdivision 算法。

Catmull-Clark Subdivision 算法是美国犹他大学的 Edwin Catmull 和 Jim Clark 于 1978 年提出来的，该算法可以对任意形状的多边形进行细分。该算法是首先定义原来多边形的顶点 V_1、V_2……V_n，便可利用公式求得位于原来多边形里面的新中心点（v_F）。

$V_F=\sum_{i=1}^{n}V_i/n$

其次定义多边形每个边的两个端点为 V 和 W，其相邻的两个面的中心点为 V_{F1}、V_{F2}，则这个边的新中点（V_E）可用以下公式求得。

$V_E=(V+W+V_{F1}+V_{F2})/4$

第三步是给定一个顶点 V，假设 Q 是 V 点相邻的各个多边形的中心点的平均值，R 是 V 与 n 相邻边线的中点的平均值，V 点经过以下公式变化而成 V'。

$V'=(Q+2R+nV-3V)/n$

上述点调整完成后，每个面上的一个 V_F 与各个 V_E 相连，V' 与相邻的 V_E 相连后形成四边形填充原图形。

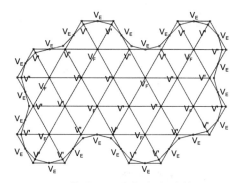

图 14.4　按照公式而生成的四边形细分填充六边形及其网络系统

Catmull-Clark Subdivision 算法已经在很多高端软件和商业软件中予以应用，常见的有 Maya、3D Studio Max、Mirai、Light Wave 等。

另外一种算法是 Loop Subdivision 算法。这种算法是美国犹他大学的 Charles Loop 于 1987 年在其硕士论文中提出来的，该算法是首先将不同的原始多边形划分成三角形网络后通过两种生成点的方式逐步细分曲面。

第一类点是在原三角形的边生成控制点，假设与此边相邻的两个原三角形的顶点分别为 V_0、V_1、V_2、V_3，则第一类点（E）可以按照以下公式生成。

$E = 3/8×(V_0+V_3) + 1/8×(V_1+V_2)$

第二类点（V'）是由原三角形顶点 V 通过以下公式形成新的点。

$V' = 5/8×V + 3/8×Q$

Q 是 V 点相邻的各个多边形的中心点的平均值。[1]

1　上述的 Catmull-Clark Subdivision 算法和 Loop Subdivision 算法介绍中没有锁定原始多边形的边界，使很多边上的点和角点改变了位置，结果是四边形或者三角形没有无缝隙的填充原形体，图 14.4、图 14.5 中如果将原始多边形边界锁定，得到的结果是四边形或者三角形无缝隙填充原始多边形，符合了自相似细分的最初形态特点（只有原始多边形和填充的多边形拓扑形状不同，其余各层次的迭代形体拓扑形状均一致）。

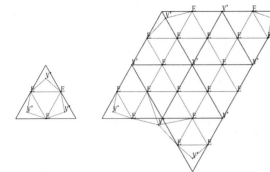

图 14.5 按照公式计算而生成的
三角形细分网络并填充原图形

（四）骨骼肌形态的算法程序

Catmull-Clark Subdivision 算法和 Loop Subdivision 算法
可以在 Maya 和 Weavebird 中实现。这里阐述用 Grasshopper
自带的运算器和 VB 语言编程进行六边形的镶嵌模拟（图
14.6），以下为源代码。

```
Private Sub RunScript(ByVal pts As List(Of On3dPoint), ByVal u As Integer, ByVal v
As Integer, ByRef PolyCrv As Object, ByRef C_Pts As Object)
  '定义了最初的输入端和输出端。
  Dim Pt_new(0 To u, 0 To v) As On3dPoint
  Dim n As Integer = 0
  For i As Int32 = 0 To u
   For j As Int32 = 0 To v
    Pt_new(i, j) = pts(n)
    n = n + 1
   Next
  Next
  '遍历所有的输入点。
  Dim lines As New List(Of OnPolyline)()
  Dim ptforhex As New On3dPointArray()
  Dim pt_list As New List(Of On3dPoint)
  '定义了一些空的集合，以备后用。
  For i As Int32 = 0 To u - 2 Step 2
   For j As Int32 = 0 To v - 3 Step 4
    ptforhex.Append(Pt_new(i + 1, j).x, Pt_new(i + 1, j).y, Pt_new(i + 1, j).z)
    ptforhex.Append(Pt_new(i + 2, j + 1).x, Pt_new(i + 2, j + 1).y, Pt_new(i + 2, j +
1).z)
    ptforhex.Append(Pt_new(i + 2, j + 2).x, Pt_new(i + 2, j + 2).y, Pt_new(i + 2, j +
2).z)
    ptforhex.Append(Pt_new(i + 1, j + 3).x, Pt_new(i + 1, j + 3).y, Pt_new(i + 1, j +
3).z)
    ptforhex.Append(Pt_new(i, j + 2).x, Pt_new(i, j + 2).y, Pt_new(i, j + 2).z)
    ptforhex.Append(Pt_new(i, j + 1).x, Pt_new(i, j + 1).y, Pt_new(i, j + 1).z)
    ptforhex.Append(Pt_new(i + 1, j).x, Pt_new(i + 1, j).y, Pt_new(i + 1, j).z)
    Dim pline As New OnPolyline(ptforhex)
    lines.Add(pline)
    Dim pt As New On3dPoint((Pt_new(i + 1, j).x + Pt_new(i + 1, j + 3).x) / 2, (Pt_
new(i + 1, j).y + Pt_new(i + 1, j + 3).y) / 2, (Pt_new(i + 1, j).z + Pt_new(i + 1, j + 3).z) / 2)
    pt_list.Add(pt)
    ptforhex.destroy
   Next
  Next
  '生成在一个 u 方向上相邻，v 方向上相隔六边形和六边形中心点。
  For i As Int32 = 1 To u - 2 Step 2
   For j As Int32 = 2 To v - 3 Step 4
    ptforhex.Append(Pt_new(i + 1, j).x, Pt_new(i + 1, j).y, Pt_new(i + 1, j).z)
```

155

```
        ptforhex.Append(Pt_new(i + 2, j + 1).x, Pt_new(i + 2, j + 1).y, Pt_new(i + 2, j +
1).z)
        ptforhex.Append(Pt_new(i + 2, j + 2).x, Pt_new(i + 2, j + 2).y, Pt_new(i + 2, j +
2).z)
        ptforhex.Append(Pt_new(i + 1, j + 3).x, Pt_new(i + 1, j + 3).y, Pt_new(i + 1, j +
3).z)
        ptforhex.Append(Pt_new(i, j + 2).x, Pt_new(i, j + 2).y, Pt_new(i, j + 2).z)
        ptforhex.Append(Pt_new(i, j + 1).x, Pt_new(i, j + 1).y, Pt_new(i, j + 1).z)
        ptforhex.Append(Pt_new(i + 1, j).x, Pt_new(i + 1, j).y, Pt_new(i + 1, j).z)
        Dim pline As New OnPolyline(ptforhex)
        lines.Add(pline)
        Dim pt As New On3dPoint((Pt_new(i + 1, j).x + Pt_new(i + 1, j + 3).x) / 2, (Pt_
new(i + 1, j).y + Pt_new(i + 1, j + 3).y) / 2, (Pt_new(i + 1, j).z + Pt_new(i + 1, j + 3).z) / 2)
        pt_list.Add(pt)
        ptforhex.destroy
      Next
    Next
    ' 生成与上一步循环镶嵌的六边形和六边形中心点。
    PolyCrv = lines
    C_Pts = pt_list
    ' 定义输出端——六边形和六边形中心点。
```

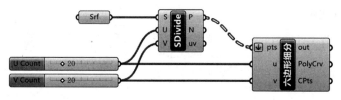

图 14.6　六边形细分程序

　　图 14.7 为 Weavebird 中的 Catmull-Clark Subdivision 算法和 Loop Subdivision 算法运算器，其中 L 控制的是迭代次数，S 控制的是是否锁定边界。

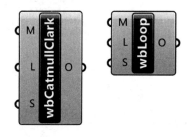

图 14.7　Weavebird 中的
Catmull-Clark Subdivision 算法
和 Loop Subdivision 算法运算器

（五）骨骼肌形态的原型模拟

　　利用上述的六边形镶嵌程序进行迭代处理可生成骨骼肌的横断面形态原型。如图 14.8 所示，首先进行骨骼肌的横断面形态模拟，该形体以三个中心点进行干扰，每次迭代选择出距离三个中心点最近的六边形进行下一步迭代，如此反复，生成与骨骼肌类似的形体。

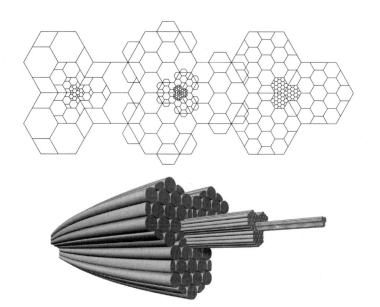

图 14.8　骨骼肌形态原型模拟步骤一

图 14.9　骨骼肌形态原型模拟步骤二

（六）其他形体的生成

利用不同的 Subdivison 进行迭代，可以生成其他不同的形体。图 14.10 为以四边形作为基本单元的自相似细分系统，其中波浪形的变形是受原始曲面的 U、V 控制线影响而生成。

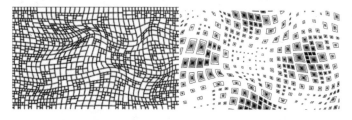

图 14.10　以四边形作为基本单元的自相似细分系统

图 14.11 为三角形和六边形自相似细分的图案及形体。

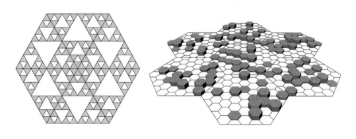

图 14.11　三角形和六边形自相似细分图案及形体

图 14.12 为矩形自相似细分所组成的立面。

图 14.12　矩形自相似细分立面设计

（七）建筑形体的生成

　　本节以一个建筑内庭加顶的实际工程为例阐述骨骼肌形态算法的运用。该内庭建筑面积约 1900 平方米，设计要求在一个长约 76 米、宽约 36 米的建筑中庭加建顶盖。顶盖的形式运用了六边形细分及迭代，在柱子与屋顶交接处的受力不利点处六边形细分迭代次数增多，使此处结构变形变小，同时有利于使整个顶盖的结构变形合理（图 14.13、图 14.14）。

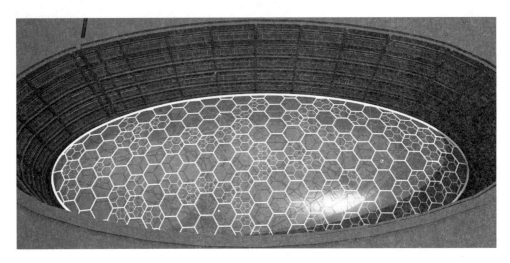

图 14.13　顶盖设计方案鸟瞰图

图 14.14　顶盖设计方案透视图

（八）骨骼肌形态算法特点

　　该算法适用于对二维平面进行填充的形态生成，如对三角形、四边形或六边形进行细分。此外，Catmull-Clark Subdivision 算法和 Loop Subdivision 算法在边界点没有锁定的情况下可以用在对三维 mesh 曲面的柔化处理上，使曲面更加平滑。

　　此算法可与其他算法如本书 6 章中的 Voronoi、10 章中的植物表皮排列形态算法、11 章中的 DLA 算法、16 章中的叶序形态算法、17 章中的聚合果形态算法、19 章中的分形形态算法、24 章中的脑纹珊瑚形态算法等共同组成平面 "切割" 的算法系列。

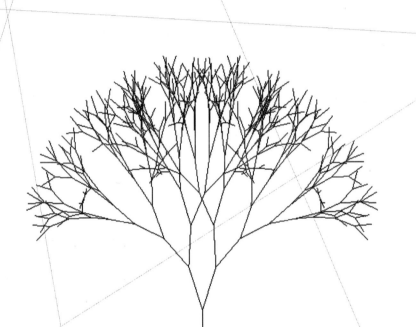

15

植 物 根 、茎 、叶 脉 、花
形 态 的 算 法 程 序
及 数 字 设 计

植物器官是植物体上由多种组织构成的、能行使一定功能的结构单位。植物的器官共有六种：根、茎、叶是植物的营养器官，花、果实、种子是植物的生殖器官。

　　（一）植物根、茎、叶脉、花的形态及特点
　　（1）植物根的形态及特点
　　植物的根可划分为直根系和须根系，这里重点讨论须根系。须根系植物的主根生长到一定阶段后即停止生长，主根不明显，茎基部产生大量的不定根，这些不定根不断变长，呈须状分布，见于单子叶植物和蕨类。

图 15.1　大葱须根系的形态

　　这种须状分布形似随机的分枝形态，其形态的特点是分叉（图 15.1）。
　　（2）植物茎的形态及特点
　　茎是植物体的中轴部分，其形态是以一根中轴为基础，通过分叉、分节的形式向不同的方向生长，形成千差万别的形态。无论是茎主轴还是分枝，都分节，节与节之间称为节间。茎的形态按照生长方式来区分可分为直立茎、缠绕茎、攀缘茎、斜升茎、斜倚茎、平卧茎、匍匐茎，即茎可以沿多方向生长且生长方式多样，形态变化也多样。但茎的最基本形态是其分叉，分枝可分为二叉分枝、单轴分枝、合轴分枝、假二叉分枝四种。本书讨论其中的二叉分枝、合轴分枝、假二叉分枝。
　　二叉分枝是分枝时顶端分生组织的原始细胞平分为两半并各自独立的形成一个分枝，生长一段时间后，又进行同样的生理活动，使整个分枝系统都为叉状。这种分枝的方式见于较原始的植物，例如网地藻、苔类、石松、卷柏等。[1]
　　合轴分枝是主茎的顶芽生长到一定阶段后，生长逐步趋缓、死亡或分化为花芽，而腋芽（位置靠近顶芽）则迅速伸展为侧枝，

1　叶庆华,曾定,陈振端,朱学艺.植物生物学 [M].厦门：厦门大学出版社.2001：76.

代替了主茎的位置。不久，侧枝的顶芽又停止生长，依次再由其最近的腋芽所代替，伸展为枝。这种分枝在幼嫩时呈曲折的状态，一段时间后由于生长加粗，就呈直线形了。例如番茄、马铃薯、柑橘、桃、李、苹果、桑等都具有合轴分枝的特征。[1]

假二叉分枝是在顶芽停止生长后，两个对生腋芽（靠近顶芽下面）生长成为两个侧枝，而侧枝顶芽的生长活动同母枝，再生一对新枝，如此重复分枝，从外表看与二叉分枝相似，实际上是合轴分枝方式的变化。见于被子植物的丁香、石竹、茉莉、接骨木、繁缕、槲寄生等。[2]

图 15.2 中从左到右依次为：石松的二叉分枝形态、桃树的合轴分枝形态、接骨木的假二叉分枝形态。

图 15.2 植物茎的分叉形态

（3）植物叶脉的形态及特点

植物叶子的生长主要依靠叶脉，叶脉在叶子中起到支撑和疏导的作用，贯穿在叶子的叶肉中，叶脉分为三级：粗脉、侧脉、细脉，但均由维管束和外围的机械组织组成，外部形态呈现规律性的分布方式，可称之为脉序；植物叶子的形状主要取决于叶脉的脉序，脉序的形态主要有三种：网状脉序、平行脉序、分叉脉序。本书讨论平行脉序、分叉脉序。

平行脉序形态比较简单，如图 15.3 左图所示；分叉脉序（右图）与茎的二叉分枝形态特点一致，已在上节中讨论。

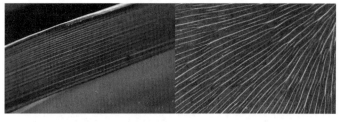

图 15.3　禾本科植物叶子的平行脉序与银杏叶子的分叉脉序

（4）植物花的形态及特点

植物花的形态同样主要取决于花序，它决定了花的姿态。花序就花在轴上的着生方式而论，可分为两大类：无限花序和有限花序。如果花开的顺序是花轴下部或外围渐及顶端或中心的，花轴能保持伸长并不断生长出新花芽的花序为无限花序。

1　同上，77。
2　同上。

相反，花开的顺序是从花轴顶端或中心渐及至下部或外围的，且花轴不再保持生长的花序为有限花序。无限花序包括总状花序、伞形花序、伞房花序、头状花序、隐头花序、穗状花序、柔荑花序、肉穗花序等；有限花序可分为单歧聚伞花序、二歧聚伞花序、多歧聚伞花序等。[1]

伞形花序、复伞形花序是花轴缩短，花柄都从花轴顶端生出，花轴近等长或不等长，呈伞骨状，如五加。如果几个伞形花序生于花序轴的顶端，称为复伞形花序，例如胡萝卜的花序。

单歧聚伞花序是花轴顶端先生一花，在顶花的下面主轴的一侧形成一侧枝，同样在顶端生花，侧枝上又有分枝生长，所以花轴是一个合轴分枝。如果花轴分枝时各分枝是左右间隔生出，这种花序成为蝎尾状聚伞花序，例如唐菖蒲的花序，如果所有的侧枝都向同一方向生长，这成为螺状聚伞花序，例如勿忘草的花序。

二歧聚伞花序是花轴顶端着生一花，在顶花下的主轴向着两侧各分生一枝，枝顶又生花，每枝再在两侧分枝，如此连续数次。例如石竹、冬青的花序。

多歧聚伞花序是花轴顶端着生一花后，主轴又向不同方向分出若干长度超过主轴的分枝——侧枝，每分枝顶端又生一花，如此连续数次分枝，例如大戟属的花序。[2]

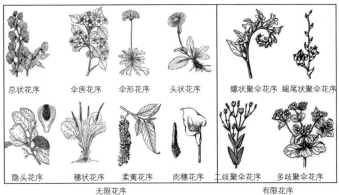

无限花序   有限花序   图 15.4　花序

（二）植物根、茎、叶脉、花形态的分析图

综上所述，须根系的发生形态是随机的分叉。植物茎的形态有二叉分枝、单轴分枝、合轴分枝、假二叉分枝四种。植物叶子的脉序形态中的分叉脉序形态与二叉分枝的形态类似。植

1　刘广发.现代生命科学概论 [M].北京：科学出版社 .2008：262.
2　叶庆华，曾定，陈振端，朱学艺.植物生物学 [M].厦门：厦门大学出版社 .2001：133.

物花中的伞形花序、复伞形花序、二歧聚伞花序、多歧聚伞花序形态与变化了的假二叉分枝形态类似；螺状聚伞花序、蝎尾状聚伞花序形态与合轴分枝形态类似。本书将着重讨论上述植物器官的4种形态特点，即二叉分枝的形态特点、假二叉分枝、合轴分枝、随机分枝的形态特点，这四个分枝形态的特点可简述如下。

a. 二叉分枝形态特点是每级分叉均分两叉，形体逐级减小；

b. 假二叉分枝形态上看和二叉分枝相似，但在两个分叉之间存在着花枝痕；主干生长到一定程度后由两个侧枝代替，主干停止生长，侧枝继续生长，由此反复；

c. 合轴分枝形态特点是主干生长到一定程度后由一个侧枝代替，主干停止生长，侧枝继续生长，由此反复；

d. 随机分枝形态特点是无主干，生长到随机段开始分枝，分枝的数量和大小也是随机，最终形成絮状形态。

以上4种分枝形态的分析图见图15.5，从左至右依次为：二叉分枝、合轴分枝、假二叉分枝、随机分枝形态分析图。

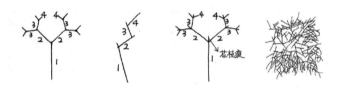

图 15.5　分枝形态分析图

（三）植物根、茎、叶脉、花形态的算法研究

二叉分枝形态算法、假二叉分枝形态算法、合轴分枝形态算法可以通过对 L-System 算法的改写而成，L-System 算法是1968 年美国生物学家林登迈尔（Aristid Lindenmayer）提出的致力于描述植物生长和形态的算法，L-System 通过字符串来构造形体。其字符集 G 由下列符号及意义组成。

F 往前一步 L（步伐长度），画线；
f 往前一步 L（步伐长度），不画线；
+ 左转，角度自定；
- 右转，角度自定；
\ 左倾，角度自定；
/ 右倾，角度自定；
^ 上仰，角度自定；
& 下俯，角度自定；
| 回转180 度；
J 插入一个点；
" 目前长度乘上系数 dL（dL 为 Grasshopper 插件 Rabbit 特有的命名）；
! 目前粗细乘上 dT（dT 为 Grasshopper 插件 Rabbit 特有的命名）；
[开始分支；
] 结束分支；
A/B/C/D……符号运算用的变量；

这三个形态的生成流程如图15.6 所示。

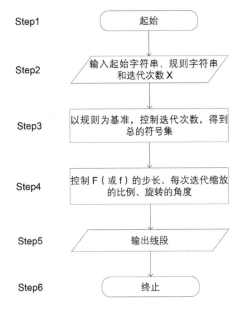

Step1	起始
Step2	输入起始字符串、规则字符串和迭代次数 X
Step3	以规则为基准，控制迭代次数，得到总的符号集
Step4	控制 F（或 f）的步长、每次迭代缩放的比例、旋转的角度
Step5	输出线段
Step6	终止

图 15.6 算法程序框图 15——植物根、茎、叶脉、花形态的算法框图

将上述流程中的 Step2 中的规则输入 F=F[^\-"F][&\+"F]，则 L-System 被改写成为二叉分枝算法。如果输入的是 F=F[-"F][+"F]，则为二维的二叉分枝算法。

Step3 中总的符号集是控制海龟元件[1]生成形体的基本规则。以规则 F=F[\-"F][\+"F] 为基准，可得到总的符号集（控制迭代次数）：

```
0. F
1. F[^\-"F][&\+"F]
2. F[^\-"F][&\+"F][^\-"F[^\-"F][&\+"F]][&\+"F[^\-"F][&\+"F]]
……
X. ……
```

Step4 中步长、缩放比例、旋转角度可一致也可随机赋值，随机赋值更加符合植物生长的特性。

在 Step5 中生成形体的基础上可以给每个线段赋截面，输出可渲染的形体。

如果将上述流程中的 Step2 中的起始字符串输入 A，规则输入：

```
A=B-F+CFC+F-D&F^D-F+&&CFC+F+B//
B=A&F^CFB^F^D^^-F-D^|F^B|FC^F^A//
C=|D^|F^B-F+C^F^A&&FA&F^C+F+B^F^D//
D=|CFB-F+B|FA&F^A&&FB-F+B|FC//
```

则 L-System 被改写成为合轴分枝算法。

如果将上述流程中的 Step2 中的起始字符串输入 FFF、A（FFFA），规则输入：

```
A=!""[B]////[B]////B、B=&FFFAJ、C=FC
```

则 L-System 被改写成为假二叉分枝算法。

1　海龟元件是将 L-System 自定义的字符串转化为形体的运算器。

167

随机分枝算法是将迭代次数、分叉的枝数、旋转的角度、步长以及步长缩放的比例等数字全部随机。

（四）植物根、茎、叶脉、花形态的算法程序

本章以二叉分枝算法为例，论述用数字工具实现上述算法的形态生成；此处采用的软件是 Rhinoceros、Grasshopper、Grasshopper 的插件 Rabbit。

如图 15.7 所示，输入起始状态为 F、规则为 F[^\-"F][&\+"F]，迭代次数输入为 8，得到字符集。模拟算法框图中的 Step2、Step3。

图 15.7　用 Rabbit 实现二叉分枝算法的步骤一

如图 15.8 所示，将字符集输入海龟元件，控制步长（此处为 5）、缩放比例（此处为 0.9）和角度（此处为 22.5°），输出形体。模拟算法框图中的 Step4、Step5。

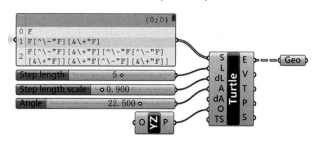

图 15.8　用 Rabbit 实现二叉分枝算法的步骤二

合轴分枝算法、假二叉分枝算法的程序实现与此类似。

随机分枝算法不能通过改写 L-System 算法而实现，需要进行编程，用 Grasshopper 内置的 Python 语言实现随机分枝算法的源代码如下。

```python
import rhinoscriptsyntax as rs
import Rhino.Geometry as rg
import random
n = int(random.random()*2+1) # 随机迭代次数
print(n)
def recursiveLine(line, depth, resultList):
    Br = int(random.random()*10+1)  # 随机分叉枝数
    Bra = []
    ran = []
    for i in range(Br):
        pt1 = line.PointAt(0)
        pt2 = line.PointAt(1)
        dir0 = rg.Vector3d(pt2.X-pt1.X, pt2.Y-pt1.Y, pt2.Z-pt1.Z)
        Bra.append(dir0)
        ran1 = random.randrange(-1,i,1)
        ran.append(ran1)
        Bra[i].Rotate(ran[i]*random.random(), rg.Vector3d.ZAxis) # 随机旋转角度
        Bra[i]*= random.random(); # 随机步长的缩放倍数
```

```
        line1 = rg.Line(pt2, pt2+Bra[i])
        resultList.append(line1)
        if(depth>0):
            recursiveLine(line1, depth-1, resultList)
a = []
recursiveLine(line, n, a)
```

由上述的 Python 源代码可将迭代次数、分叉的枝数、旋转的角度、步长缩放倍数等参数随机化。用 Python 写成 Grasshopper 运算器如图 15.9 所示。

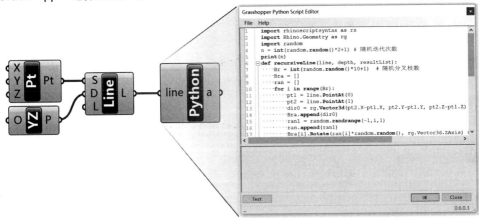

图 15.9 用 Grasshopper 内置的 Python 语言实现随机分枝算法

（五）植物根、茎、叶脉、花形态的原型模拟

利用上述的程序，可以生成与植物根、茎形态原型相似的形体（图 15.10）。

图 15.10 中从左至右依次为由程序模拟的二叉分枝、合轴分枝、假二叉分枝、随机分枝的生物原型。

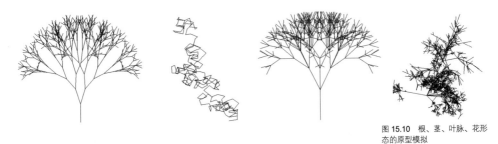

图 15.10 根、茎、叶脉、花形态的原型模拟

（六）其他形体的生成

影响该算法生形的因素包括原始形体、字符串、迭代次数、自相似缩放的比例、旋转的角度、随机分枝形态算法的随机数生成器。调整这些参数，可以生成不同的形体（图 15.11~ 图 15.13）。

图 15.11 中的形体，初始字符为 F、规则为：

```
F=/F[-FJ]&FJ
F=F[-XF]F
X=F[X]
F=F[-XF]YF
X=F[X]
Y=[+FY]
```

迭代次数是 6、步长为 6.2、每步缩放比例是 0.9 倍、旋转角度为 –35.6°。

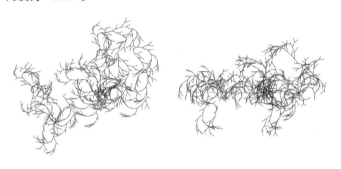

图 15.11　改变二叉分枝算法参数生成的形体

　　图 15.12 中的左图是通过修改随机分枝算法而生成的，即只是每一次分枝的数量、旋转角度（只在水平面上旋转）两个参数随机化，其他参数固定；右侧图是在左侧图的基础上，使旋转的平面也随机化，形成了空间的形体。

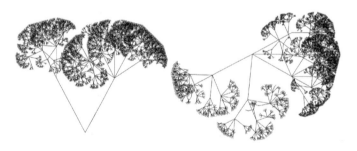

图 15.12　改变随机分枝算法参数而生成的形体

　　图 15.13 中的 c 图是合轴分枝的极端形态，即每次旋转的角度均为直角，该形体也被称为希尔伯特曲线（Hilbert Curve），是一种以非整数维填充空间的形式（见本书 19 章对人体呼吸及循环系统分维数的论述）。

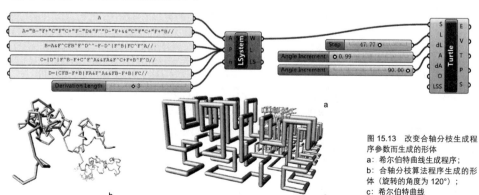

图 15.13　改变合轴分枝生成程序参数而生成的形体
a：希尔伯特曲线生成程序；
b：合轴分枝算法程序生成的形体（旋转的角度为 120°）；
c：希尔伯特曲线

（七）建筑形体的生成

本节以假二叉分枝算法为例进行建筑形体的生成。首先利用假二叉分枝算法生成四个结构单元体，然后将每个单元体顶部的点相互连成三角形网状结构，并把四个结构单元体连成一体，形成构筑物。

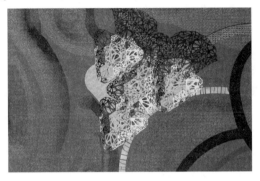

图 15.14　构筑物总平面图

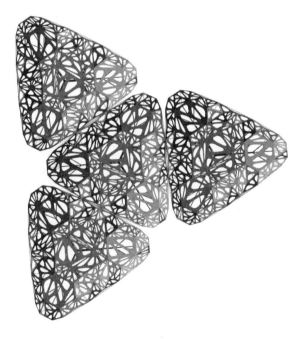

图 15.15　构筑物平面图

图 15.16　顶盖设计方案鸟瞰图

171

（八）植物茎、根、叶脉、花形态算法特点

L-System 是经典的分形形体生成算法，可以模拟很多生物形态，本章此处的算法是基于 L-System 的分枝形态算法（随机分枝形态算法不是基于 L-System），生成的形体具有自相似分形的特征，可以用在部分具有分枝或者分形形态的建筑形体上。

结合数字工具来说，这四种算法的优势在于用少的规则生成相对复杂的形体，但使用这四种算法时要注意原始字符串的输入，如果输入的字符串过于复杂或者随机性太大，则生成的形体会过于凌乱（随机分枝形态算法生成的形体也会过于凌乱，需要对随机数予以控制）。

这些算法未来拓展方向是将算法生形向建筑形体靠拢，利用二叉分枝、合轴分枝、假二叉分枝、随机分枝这些相对抽象过的简单算法（L-System 可生成过于复杂的、不适合作为建筑形体的形体）生成柱、穹顶、纹样等建筑构件或者纹饰，以供建筑师选择。

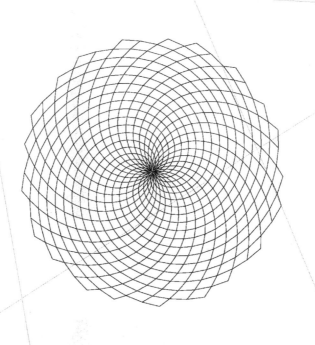

16

植物叶序形态的
算法程序及数字设计

（一）植物叶序的形态特点

叶序是植物叶子在茎上的排列方式，是植物为了适应光照而进化出来的有序形态。叶序分为互生叶序、对生叶序、轮生叶序、簇生叶序四种。互生叶序是每节着生一片叶，交互而生；对生叶序是每节着生两片叶，相对而生；轮生叶序是每节着生三片或多片叶，辐射排列；簇生叶序是短枝上叶做簇状着生。

如图 16.1 中，从左至右依次为榆树的互生叶序形态、丁香的对生叶序形态、夹竹桃的轮生叶序形态、银杏的簇生叶序形态。

图 16.1　植物的叶序形态

互生叶序的形态在多种植物的器官形态中亦有体现，比如植物果实的排列。如图 16.2 中，左图为罗马花椰菜果实形态，中图为松科植物的果实形态，右图为向日葵的果实形态。

图 16.2　互生叶序形态在植物种子和果实形态中的体现

本章重点讨论互生叶序的形态特点如下。

a. 每节着生一片叶；

b. 相邻着生的叶子之间平面投影夹角约为 137.51°；[1]

c. 从平面上看，叶子形成两组方向相反的曲线（可用阿基

1　实际为：$360°/(\varphi^2)\approx137.507\cdots°$，其中 $\varphi=1/2\times[5^{1/2}+1]$。

米德曲线来描述），两组曲线的个数具有规律性（可用斐波那契数列[1]的相邻两项表示）；

d. 叶片形成的螺线的圈数与这些圈中生长的叶片数量也具有规律性（可用斐波那契数列的两个相邻隔项来表示）。

（二）互生叶序形态的分析图

根据上述对互生叶序形态特点的描述，可做出图16.3。如图所示，左侧图表示叶片生长的特点，它按照固定角度(137.51°)以年龄顺序生长；中心为顶端细胞，P_1、P_2、P_3、P_4等为按照年龄顺序排列的叶原基，P_4年龄最大；I_1、I_2为即将产生的叶原基，大圆双虚线表示的圆周是生长锥的大体范围，亚顶端区在双虚线圆周之外，小圆单虚线的圆周表示每一叶原基的抑制范图；图中2周的螺旋线内生长了5片叶片（以原点计，每个叶子旋转137.51°，5片叶子共旋转687.55°）；叶子的生长轨迹连接起来为一条阿基米德曲线。而形成后的点阵会形成如右图所示的两个方向的螺旋线，左旋螺线条数为5，右旋螺线条数为3，为斐波那契数列的相邻两项。

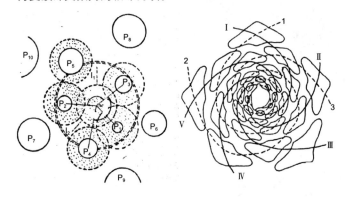

图16.3　互生叶序形态分析图

（三）互生叶序形态的算法研究

根据互生叶序形态的分析图，可以进行相应的算法研究。

首先要控制生成叶片的总个数，由分析图可知，叶片会形成两个方向的螺旋线，条数为斐波那契数列的相邻两项。由此，首先要输入斐波那契数列的相邻两项，其乘积就是生成叶片的总个数，如果生成的叶片数量不是此乘积，则形成的螺旋线控

1　斐波那契数列（Fibonacci Sequence）是由0和1开始，之后各项数值等于本项前两项数值之和的数列，其项数值分别为 0,1,1,2,3,5,8,13,21,34,55,89……。

制点数不等。

其次，对每个叶片的生成次序进行编号，如分析图所示，其编号是一个公差为 1 的等差数列。

第三，对每个叶片距中心的距离进行规定，按照叶片生成次序，该距离也是一个等差数列，公差自定。此处可以对算法进行拓展，如果在算法中输入的距离是以自然对数为底的等比数列，则叶片的连线会是两个方向的对数螺旋线。

第四，每个叶片在前一个叶片生成角度的基础上旋转 137.51°。

第五，将生成的叶片进行连线，会形成两个方向的螺旋线。由分析图可知，每个方向的螺旋线的控制点是按照斐波那契数列的相邻项数值选定，比如分析图中右旋的螺旋线是每隔 5 个叶片选择一个控制点，左旋的螺旋线是每隔 3 个叶片选择一个控制点。

由此得到互生叶序形态算法框图如下。

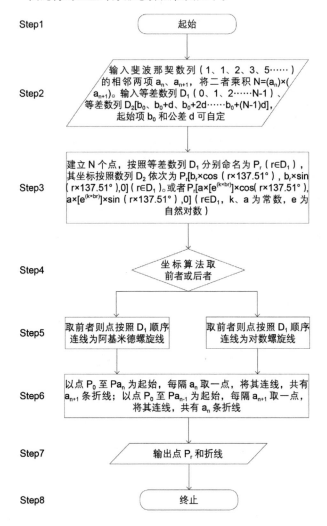

图 16.4 算法程序框图 16——互生叶序形态的算法框图

177

D_1：等差数列 1；
D_2：等差数列 2；
a_n：斐波那契数列的一项；
a_{n+1}：斐波那契数列 a_n 项的下一项；
N：a_n 与 a_{n+1} 的乘积；
P_r：D_1 中的项，其中 P_0 为首项，Pa_n 为第 a_n 项；

Step6 中会按照互生叶序排列的叶子着生点在平面上形成两个方向的螺旋曲线，Step2 中的取值会影响 Step6 中的结果。如果其总的点数为二者乘积 $N=(a_n)\times(a_{n+1})$，则 Step6 中形成的同一方向上的所有折线控制点数相等，反之则不相等。Step3 中的 137.51° 是本算法的核心数据，互生叶序中相邻长出的叶片理想夹角均为 137.51°。Step4 中因阿基米德螺旋线和对数螺旋线的形成机制不同，阿基米德螺旋线上的点距离中心起始点的距离成等差数列，对数螺旋线上的点距离中心起始点的距离成指数关系。如果把植物的茎看作是从下而上截面直径均匀变化的，则叶基着生在颈上的点所形成的曲线即是阿基米德螺旋线。因此处论述的相邻点的角度差为 137.51°，角度过大，在 Step5 中若要形成相应的螺旋曲线，须在相邻点之间插入点，方可形成相应的螺旋曲线。Step6 中的折线即为相反的两个方向的螺旋折线，条数为斐波那契数列的相邻两项。

（四）互生叶序形态的算法程序

互生叶序算法可以用多种软件或计算机语言编程予以实现，此处采用 Rhinoceros 内置的 Python 语言进行编程。

步骤一，斐波那契数列的建立以及取值，它的特殊性在于每项数值等于前两项数值之和，且第一第二项数值均为 1。Python 语言的内置函数中没有斐波那契数列的函数，因此需要用迭代的方法予以实现（见程序一）。

```
import rhinoscriptsyntax as rs   # 引入 rhinoscriptsyntax 模块。
import math   # 引入 math 模块。
class Fibonacci():   # 定义一个斐波那契数列的类。
    def __init__(self):   # 初始化首项的数值。
        self.a=0  # 首项值是 0，不予显示。
        self.b=1  # 第一项定义为 1。
    def next(self):  # 定义迭代的规则。
        self.a,self.b=self.b,self.a+self.b   # 定义迭代规则
        return self.a   # 返回初始值。
    def __iter__(self):   # 对迭代规则的实现。
        return self
f=Fibonacci()  # 定义一个实例，为上述的类。
Fibonacciserial=[]  # 定义一个空的列表，以后填入数列的各项。
for i in range(100):   # 使用 for 循环，100 个项。
    Fibonacciserial.append(f.next())   # 使用 next() 的方法取值，并将值写入原来定义的
空的列表中。
print(Fibonacciserial)  # 显示斐波那契数列。
Xextract=7  # 取值第 8 项（第一项索引值是 0，实际取的是第八项）：21
n=Fibonacciserial[Xextract]*Fibonacciserial[Xextract+1]   # 第八项与第九项乘积。
```

程序一
显示的数列每项的值是 [1, 1, 2, 3, 5, 8, 13, 21, 34, 55, 89, 144, 233, 377, 610, 987, 1597, 2584, 4181, 6765, 10946, 17711, 28657……]

步骤二，在上一步的基础上进行点阵的建立，如算法所示，

点阵围绕着一个中心展开，可以用极坐标的方法赋值（见程序二）。

```
point=[] # 建立空的列表，以后填入各个点。
r=math.radians(360/math.pow((math.sqrt(5)+1)/2,2)) # 定义了137.5°的准确角度值。
for i in range(n): # 使用 for 循环。
    mpoint=rs.AddPoint(i*math.cos(i*r),i*math.sin(i*r),0) # 用极坐标的方法定义了 n 个点。
    point.append(mpoint) # 将定义的点填入已定义的空的列表。
```

程序二
n 的值是 714，模拟的是算法中所定义的等差数列 D1。D1 的数值就是输出的点的数量，并给每个点进行编号，编号的编程详见程序四。极坐标中的 i 值模拟的是算法中等差数列 D2 中的项值，是每个点距离原点的距离。

步骤三，取出每隔一定的数量的点，将其连成折线。本次生形为每隔 21 或者 34 个点取出 1 点（见程序三）。

```
crv1=[] # 定义一个空的列表，以后填入各条折线。
crv2=[] # 同上
for i in range(Fibonacciserial[Xextract]): # 取 值 Fibonacciserial[Xextract]，
一 共 形 成 Fibonacciserial[Xextract]（21）条折线，每条折线开始的点的编号为 0 到
Fibonacciserial[Xextract]-1（20）。
    polyline=rs.AddPolyline(points[i::Fibonacciserial[Xextract]]) # 形 成
Fibonacciserial[Xextract]（21）条折线。
    crv1.append(polyline) # 将形成的折线加入列表。
for i in range(Fibonacciserial[Xextract+1]): # 同上
    polyline=rs.AddPolyline(points[i::Fibonacciserial[Xextract+1]])
    crv2.append(polyline)
```

程序三
本例中此步骤共形成顺时针排列折线 34 条，逆时针排列折线 21 条。

步骤四，给每个点编号，编号从 0 开始（见程序四）。

```
format="%s" # 因 Python 的 AddText 命令只能填写字符串，此处需要将数字格式化为字符串。
for i in range(n): # 使用 for 循环
    point.append(format % str(i)) # 将每个点追加一个字符串。
for i in range(len(points)): # 使用 for 循环
    rs.AddText(str(i),points[i],4) # 以每个点为基准点将字符串写出。
```

程序四

步骤五，在生成与生物原型形态相关形体的基础上对每个点的生长顺序进行连线，形成算法中说明的螺旋线，137.51°的角度过大，需要对相邻生成的点之间分成若干份，形成中间点，之后形成螺旋线（见程序五）。

```
pointg=[] # 建立空的列表，用于后续储存相邻生成的点以及中间的点。
for i in range(10*n): # 每相邻点之间插入 9 个点。
    mpointg=rs.AddPoint(i/10*math.cos(i*r/10),i/10*math.sin(i*r/10),0) # 每相邻点之间的所旋转的角度相等。
    pointg.append(mpointg) # 把生成的所有点加入空列表。
rs.AddInterpCurve(pointg,3) # 生成的点形成曲线。
```

程序五

（五）互生叶序形态的原型模拟

将上述的程序写入 Rhino Python Editor，可以模拟出互生叶序形态原型（图 16.5）。左图为 Xextract=4（对应的斐波那契数列第五项的数值是 5）时，计算生成的基本生物形体，共有 40 个点；右图为 Xextract=7（对应的斐波那契数列第八项的数值是 21）时，计算生成的形体（因点多而密集，点的编号没有显示）。

如果将步骤二中的

```
i*math.cos（i*r），i*math.sin（i*r）
```

修改为：

（math.pow（e,i/10））*math.cos（i*r），（math.pow（e,i/10））*math.sin（i*r）

则由外而内的生成形体，如果把点按照 n 的次序连起来，则成为对数螺旋线，与算法中的 Step5 相呼应（图 16.6）。该图中左图和右图均为 Xextract=5 时计算生成的形体，共有 104 个点。

左图点的 x、y 坐标值为：

（math.pow（e,i/10））*math.cos（i*r），（math.pow（e,i/10））*math.sin（i*r）

右图点的 x、y 坐标值为：

（math.pow（e,i/50））*math.cos（i*r），（math.pow（e,i/50））*math.sin（i*r）

两个图的相邻点连线均形成对数螺旋线。

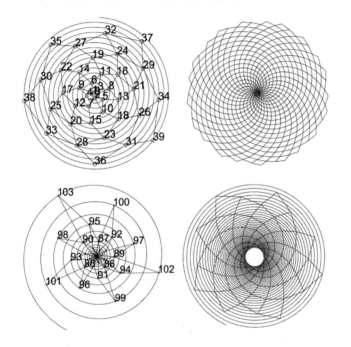

图 16.5 互生叶序形态原型

图 16.6 对数螺旋线状互生叶序
生物形态原型

（六）其他形体的生成

在该算法程序中，控制形体生成的参数包括初始输入的数列、点坐标的生成方程，对生形参数进行改写或者换一种软件进行计算，也可以生成其他的形体。

比如在 Processing 软件里模拟互生叶序形态。将程序六写入 Processing，并在球面上排列点阵，会得到沿着球体表面布置的点阵（图 16.7）。

```
int p1 = 21;   // 取斐波那契数列的第八项，数值为 21。
int p2 = 34; // 取斐波那契数列的第九项，数值为 34。
int p = p1*p2; // 二者乘积为 714。
float fib = radians(360/pow((sqrt(5)+1)/2+1, 2));// 定义了 137.51° 的准确角度值。
ArrayList v = new ArrayList();   // 建立一个空列表
PVector loc;
PVector loc1;
```

```
PVector loc2;   // 定义三个向量。
void setup() {   // 初始化 Processing。
  size(700, 700, P3D);   // 建立一个三维空间。
  strokeWeight(3);   // 确定点的大小。
  background(255);   // 设置背景颜色。
  translate(width/2, height/2, 0);   // 将坐标移动到 Processing 空间的中央。
  for (int i = 0; i < p; i++) {
    loc = new PVector(300, 0, 0);   // 建立 714 个向量。
    v.add(loc);   // 将向量加入空的列表。 }}
void draw() {
  translate(width/2, height/2, 0);
  for (int i = 0; i < p; i++) {
    pushMatrix();
      rotateY(fib*i);   // 将整体的坐标系沿着 Y 轴旋转，每次旋转的角度为 fib 值，共生成
714 个坐标系。
      rotateZ(asin(2*i/(float)p-1));   // 将上述的坐标系沿各自的 Z 轴旋转，相应的角度是
排列成一个圆形，与上一步骤一起组成一个球面。
      loc1 = (PVector) v.get(i);   // 将上述列表中的向量提取出来，由于坐标系转换了，所
以点阵呈球形排列。
      point(loc1.x, loc1.y, loc1.z);   // 在向量的端点处做点。
    popMatrix();  }}
```

程序六
Processing 源代码

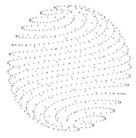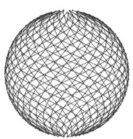

图 16.7   沿着球体表面布置的点阵

同理，可以生成诸多其他形体。图 16.8 所示形体是在基本生物形态原型的基础上对点的 z 值坐标进行改变而得到的体形。图 16.9 所示形体是首先输入初始的半球形体，之后把算法生成的点投射在半球上，按照 Voronoi 算法求出空间网络。两图中的形体在 Rhinoceros 和 Grasshopper 中生成。

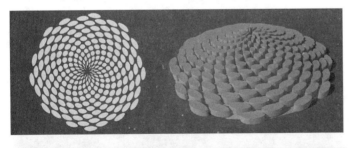

图 16.8   以互生叶序算法为基础而生成的形体

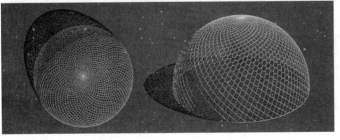

图 16.9   以互生叶序算法为基础而生成的形体

（七）建筑形体的生成

现在将互生叶序形态算法程序用于某中庭屋顶加建的实际项目。首先进行形体设计的试验（图16.10），从改写上述的Python语言开始，在原程序中加入了时间的因素，可以看到形体逐步"生长"的过程（图16.11），同时控制算法程序中生成点的坐标值，生成的形体满足建筑内部中庭尺寸的要求，这样产生的建筑形体能够适应中庭空间。

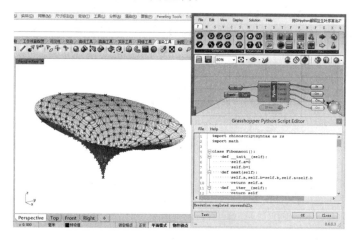

图 16.10　建筑形体生成界面
（总共34×55=1870个点，y方向坐标值变为 x 方向坐标值的一半，z 方向坐标值沿一个给定曲面取值）

图 16.11　建筑形体逐步"生长"的过程

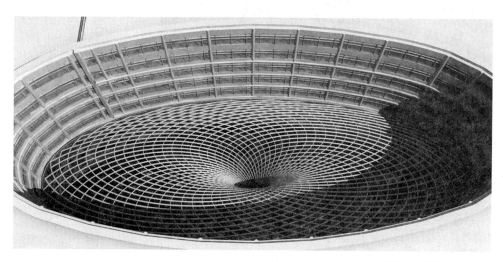

图 16.12　建筑形体鸟瞰图

图 16.13　建筑形体透视图

（八）互生叶序形态算法特点总结

互生叶序算法是基于方程生成点，进而由点生成线的生形规则，它是基于二维图形发展而来的，此算法可以用在铺装、家具等形体的设计上；加入 z 坐标的函数后，能够生成三维形体，这种形体以线为基本的组成单元。

该算法可以生成多样的形体，只需将点的生成方程加以改写便可实现；此外可将该算法中的 137.51° 这个数字进行改写，也可生成多样化形体，如可以模拟单轴分枝生物形态、总状花序、复总状花序、伞房花序、复伞房花序、穗状花序、复穗状花序、柔荑花序的生物形态等。

（九）对生叶序、轮生叶序、簇生叶序形态的算法程序及数字设计概述

（1）对生叶序形态特点如下：

a. 每节着生两片叶；

b. 每节两片叶之间平面投影夹角180°；

c. 相邻两节的叶子平面投影夹角多数呈90°（交互对生），也有重合的（二列对生）。

（2）轮生叶序形态特点如下：

a. 每节着生3片或多片叶，最多可以多达11片（七叶一枝花）；

b. 叶子之间的平面投影夹角为360/n（n为每节上着生的叶片个数）；

c. 相邻两节的叶子平面投影旋转角度不定，但多数为180°/n。

（3）簇生叶序形态特点

叶在极度缩短的茎上做簇状着生，实际上是由互生、对生、轮生叶序变化而来，也就是把互生、对生、轮生叶序的节间极度缩短即为簇生叶序。

以下阐述对生叶序及轮生叶序形态的算法程序及应用。由此可见，对生和轮生叶序的形态特点是一致的，只是每节叶子的数目不同，为2、3或者更多，但每节叶子平分平面投影的一个周角，相邻两节的叶片在平面投影上旋转一定角度。对生叶序及轮生叶序形态的分析图见图16.14。

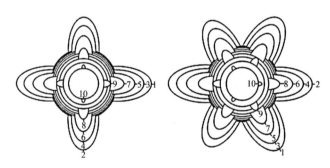

图 16.14 对生、轮生叶序形态分析图

184

对生叶序及轮生叶序的形态生成算法框图如图16.15所示。

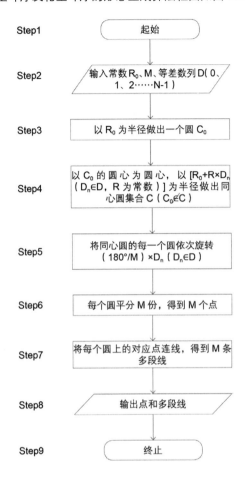

Step1	起始
Step2	输入常数 R_0、M、等差数列 D(0、1、2……N-1)
Step3	以 R_0 为半径做出一个圆 C_0
Step4	以 C_0 的圆心为圆心，以 [R_0+R×D_n（$D_n \in$D，R 为常数）] 为半径做出同心圆集合 C（$C_0 \in$C）
Step5	将同心圆的每一个圆依次旋转（180°/M）×D_n（$D_n \in$D）
Step6	每个圆平分 M 份，得到 M 个点
Step7	将每个圆上的对应点连线，得到 M 条多段线
Step8	输出点和多段线
Step9	终止

R_0、M：常数；
D：等差数列；
C_0：半径为 R_0 的圆；
C：同心圆集合

图 16.15 算法程序框图 16——
对生叶序及轮生叶序形态的算法
框图

```
import rhinoscriptsyntax as rs    # 引入 rhinoscriptsyntax 模块。
import math    # 引入 math 模块。
firstradius=1    # 定义算法中的 R0，即最内圆的半径。
circlenumber=10    # 定义算法中的等差数列的 N，即项数。
dividenumber=20    # 定义算法中的每个圆取点的个数。
original=rs.WorldXYPlane()    # 定义同心圆的圆心以及同心圆所在的平面。

Circles=[]    # 建立空的集合。
for i in range(firstradius,firstradius+circlenumber):    # 使用 for 循环画出同心圆。
    rotateoriginal1=rs.RotatePlane(original,(i-1)*180/dividenumber,original.ZAxis)    #
每个平面旋转 (180°/M)*Dn。
    point1=rs.AddPoint(0,0,0)    # 定义同心圆的圆心。
    rotateoriginal=rs.MovePlane(rotateoriginal1,point1)
    Circle=rs.AddCircle(rotateoriginal,i)    # 画出同心圆。
    Circles.append(Circle)    # 将同心圆归入上述的空集合。

Points=[]    # 建立空的集合。
for i in range(len(Circles)):    # 使用 for 循环分割同心圆。
    point=rs.DivideCurve(Circles[i],dividenumber)    # 分割同心圆，得到点。
    for pv in point:    # 使用 for 循环画点。
        p=rs.AddPoint(pv)    # 依据点的计算方式得到点。
        Points.append(p)    # 将生成的点放入空的集合。

Points=[]    # 建立空的集合。
for i in range(len(Circles)):    # 使用 for 循环分割同心圆。
```

程序七
对应对生叶序、轮生叶序形态算
法框图的 Step2

程序八
画出同心圆

程序九
分割同心圆，得到点，点的编号
详见互生叶序算法程序模拟的步
骤四

185

```
point=rs.DivideCurve(Circles[i],dividenumber)  # 分割同心圆，得到点。
for pv in point:  # 使用 for 循环画点。
    p=rs.AddPoint(pv)  # 依据点的计算方式得到点。
    Points.append(p)  # 将生成的点放入空的集合。
```

程序十
画出螺旋线

图 16.16 为对生叶序及轮生叶序形态的原型模拟，左侧图
为：

firstradius=1、circlenumber=5、dividenumber=10
时程序生成的形体，共有 50 个点；

右侧图为：

firstradius=1、circlenumber=10、dividenumber=20
时程序生成的形体，在生成时将：

rotateoriginal1=rs.RotatePlane(original,(i-1)*180/dividenumber,original.ZAxis)
修改为：

rotateoriginal1=rs.RotatePlane(original,-(i-1)*180/dividenumber,original.ZAxis)
又生成一遍螺旋线，使两个方向的螺旋线相互交叉。

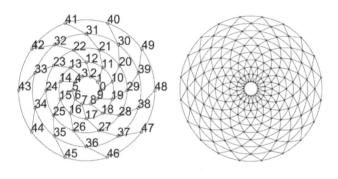

图 16.16　程序生成的对生、轮
生叶序形态原型

图 16.17 为其他形体的生成。左图的形体生成过程是首先
输入初始的半球形体，之后生成的点全部放在半球形体上，按
照点的空间排布形成曲线。右图的形体是在左侧图形体的基础
上继续细分而来。

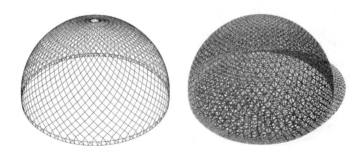

图 16.17 对生叶序、轮生叶序形
态算法生成的其他形体

图 16.18 及图 16.19 也是该算法程序应用于其他形体的生
成结果。图 16.18 中的左侧图生形方程是：

point1=rs.AddPoint(0,0,10*math.sin((math.pow(i,0.5)-math.pow(firstradius,0.5)))),
Circle=rs.AddEllipse(rotateoriginal,i,i/1.3)），

右侧图在左侧图的基础上用德劳内三角形算法（Delaunay Mesh）形成曲面。

图 16.19 中的左侧图生形方程是：

point1=rs.AddPoint(0,0,10*math.cos(2*(math.pow(i,0.5)-math.pow(firstradius,0.5)))),
Circle=rs.AddEllipse(rotateoriginal,i,i/1.3)），

做法同图 16.18，右侧图两次生形的叠加。

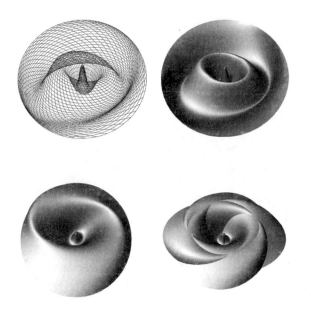

图 16.18 对生、轮生叶序形态算法生成的其他形体

图 16.19 对生、轮生叶序形态算法生成的其他形体

该算法程序应用于建筑形体的生成，可改写上述算法程序，控制算法生成的点的坐标值。

将程序八中的：

point1=rs.AddPoint(0,0,0)

修改为：

point1=rs.AddPoint(0,0,10*(math.pow(i,0.25)-math.pow(firstradius,0.25)));
Circle=rs.AddCircle(rotateoriginal,i)

修改为：

Circle=rs.AddEllipse(rotateoriginal,i,i/1.3)）

即可得到如图 16.20 的生形结果，如把这一结果用于前述中庭的顶盖设计，则可得到如图 16.21、图 16.22 所示的设计方案。

图 16.20　互生、对生叶序算法
生成的建筑形体透视图

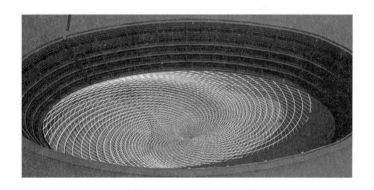

图 16.21　互生、对生叶序算法
生成的建筑形体鸟瞰图

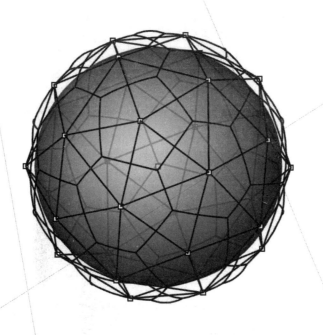

17

植物聚合果形态的
算法程序及数字设计

（一）植物聚合果的形态及特点

植物果实可以分为单果、复果、聚合果，这里讨论聚合果的形态。聚合果是多个离生雌蕊在花托上发育而来，每个雌蕊发育成小果，生长在膨大的花托上（图17.1）。

图 17.1 聚合果形态

观察图17.1，可总结聚合果的形态特点如下：

a. 花托膨大，形成可供果实附着的母体；

b. 果实均匀地分散附着在膨胀花托形成的表面，果实单体之间的距离近似，果实大小及所占面积相当。

（二）聚合果形态的分析图

如果果实所附花托的面为一个近似的平面，则果实较均匀地分布在花托上，果实大小及所占面积接近，如图17.1中的莲蓬就是在一个平面上分布着莲子，这种形态的分析图见图17.2左图。

如果花托是不规则曲面，则会出现果实无序分割曲面的情况，果实所"占领"的曲面形体相似，所"占领"的面积大小也接近，例如图17.1中的草莓就是在类似于椭球的不规则的曲面上附着果实，这种形态的分析图见图17.2右图。

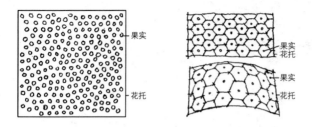

图 17.2 聚合果形态分析图

（三）聚合果形态的算法研究

从聚合果形态分析图可看出，如何把点（果实）近似均匀地分布于任意平面是形态模拟的关键。首先要输入的条件是任意曲面和曲面上的随机点；其次是利用点与点之间的"等值排斥力"使点距离相等；第三是保证点始终在曲面上运动。基于此，聚合果形态算法框图如下。

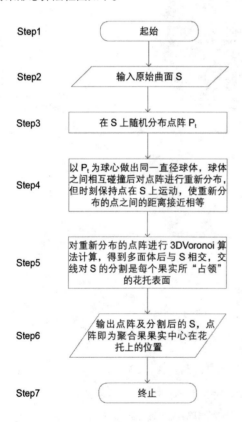

Step1　起始

Step2　输入原始曲面 S

Step3　在 S 上随机分布点阵 P_t

Step4　以 P_t 为球心做出同一直径球体，球体之间相互碰撞后对点阵进行重新分布，但时刻保持点在 S 上运动，使重新分布的点之间的距离接近相等

Step5　对重新分布的点阵进行 3DVoronoi 算法计算，得到多面体后与 S 相交，交线对 S 的分割是每个果实所"占领"的花托表面

Step6　输出点阵及分割后的 S，点阵即为聚合果果实中心在花托上的位置

Step7　终止

S：原始曲面，模拟花托，点在 S 上运动；
P_t：S 上的点，随机分布

图 17.3 算法程序框图 17——聚合果形态的算法框图

在聚合果的形态算法框图中，Step2 中原始曲面 S 可以是任意曲面，理想状况为球面和平面。

Step3 中如果 S 是球面，点的个数为某一特定的数值时，会出现对球体的对等分割。

　　Step4 中存在两个"力"控制着点的重新分布，第一个是把点留在 S 上的"力"，不至于产生点的逃离；第二个力是点之间的排斥力，即球体碰撞的力；第一个力必须远大于第二个力；如果球体直径过大，则球体之间会有重叠。

　　如果 S 是平面，Step5 中用 2DVoronoi 算法生成多边形组合；还可以将点连线，这样就形成了和 Voronoi 算法生成的多边形相对应的三角形网络。

　　（四）聚合果形态的算法程序

　　可 采 用 软 件 Rhinoceros 及 其 插 件 Grasshopper、Kangaroo（Grasshopper 的插件）来进行聚合果形态算法的运算生形。

　　果实的花托形式多样，此处采用最理想的曲面——球面（即假设花托是个理想的球）来运行算法，从而生成与生物原型形态相似的形体以及由此形体而衍生的其他形体。

　　第一步，如图 17.4 所示，建立曲面（此处为球面，是理想的曲面），在上面随机分布点阵。

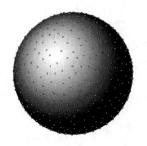

图 17.4　球面和点阵

　　第二步，如图 17.5 所示，在 Kangaroo 中加入算法框图中 Step4 中第一个力——把点控制在曲面上的力。

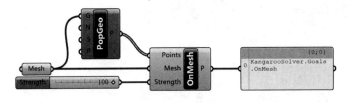

图 17.5　第一个"力"的加入

　　第三步，如图 17.6 所示，在 Kangaroo 中加入算法框图中 Step4 中第二个力——球体撞击力，球的直径要稍大于点阵之间的平均距离，且使撞击的力远小于第一个力。

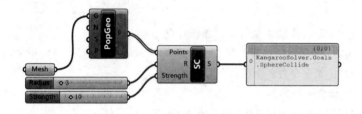

图 17.6　第二个 "力" 的加入

第四步，如图 17.7 所示，将上述两个力写入 Kangaroo Solver 模拟后，得到重新排布的点阵，在这个点阵的基础上进行 Voronoi 算法模拟，即可得到与聚合果形态相似的形体（如图 17.7 中所示，留在球面上的力和点之间的排斥力相差了 1000 倍）。

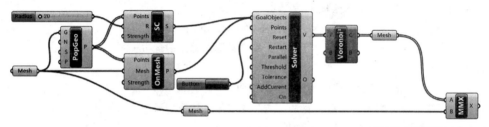

图 17.7　完整程序图

（五）聚合果形态的原型模拟

利用上述的算法程序可以生成聚合果形态原型。如图 17.8 所示，左图是原始的点阵，随机性很强，经过算法模拟后得到中间图中的点阵，分布比左侧图规律，点阵的点之间的距离近乎相等，在这个点阵的基础上进行 Voronoi 算法生形后，得到每个点占据的球面面积，也就是每个 "果实" 所占领的花托面积，如图 17.8 右图所示，其与聚合果形态相似。

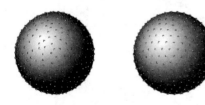

图 17.8　聚合果形态原型的模拟过程

在球面花托的基础上，现在讨论果实数量为某些特定数字时的情况。

如上文所述，如果果实所附花托呈球状，取其理想状态，则果实 "占领" 的单元每个都是相等的，如果将每个单元球面变成多边形，则球体变为正多面体的形式。正多面体可有正四面体、正六面体、正八面体、正十二面体、正二十面体五种，也就是说，当花托为球面，果实数量为 4、6、8、12、20 时，果实分割球面的单元是全等的，如图 17.9 所示。[1]

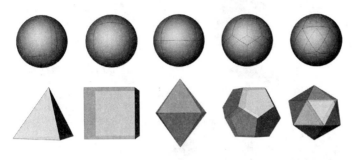

图 17.10 中的左图为正六面体、正八面体的同源关系图解；右侧图为正十二面体、正二十面体的同源关系图解。也就是算法框图中 Step5 中所论述的 Voronoi 和对偶三角形网络之间的关系。

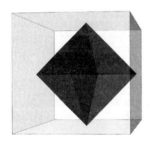

三种球面细分形式如图 17.11~ 图 17.13 所示。

---

1 在图 17.9 几种原型的基础上进一步细分正多面体，可以得到多边形细分的形式，这些形式都是在理想状况下，点数是固定数值时，"果实"均分"花托"。但将正多面体细分之后，只会得到三种球面细分模式，即正四面体细分模式、正六（八）面体细分模式、正十二（二十）面体细分模式，原因是正八面体和正六面体是对偶多面体，即将正六面体的每个面的形心提取出来后，点阵联系成三角形后组合的形体就是正八面体。正十二面体和正二十面体是对偶多面体，原因同上。对偶对面体的细分形式也是对偶的，正六面体细分后得到的球面细分是六边形和四边形组合的细分，与此对应的正八面体细分是在多边形组合细分的基础上将多边形转变为三角形，正十二面体和正二十面体细分的关系也是如此。

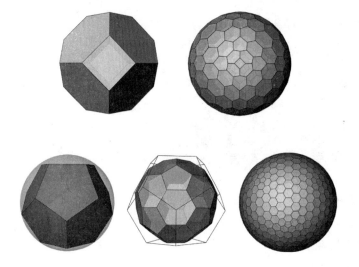

图 17.12　正六（八）面体初级
细分形体（左）及正六（八）面
体细分形体（右）

图 17.13　正十二面体初级形体
及细分形体（正二十面体的细分
形体由该形体的对偶三角形所组
成）

图 17.13 左图为 12 个五边形均分球体表面；中间图为在左
图基础上发展而来的"足球、碳 -60 分子"；右图为在左图基
础上嵌入六边形，形成 12 个五边形与 470 个六边形共同分割
球体表面的形体。

上述三种球面细分是以几何学上理论为基础抽象的理想状
态。在生物形态中上并无正四面体细分和正六（八）面体细分
球面的情况，生物偏向于正十二面体细分。正十二面体细分的"果
实数量"应是 12、32、122、272、482、752 等，如图 17.14
是聚合果形态算法以 32 个点为初始数据生成形体，点重新排布，
每个点"占据"的表面近似均等，点均分球体，形成每个点
"占领"的多边形和对偶三角形网络，该形体是 12 个五边形和
20 个六边形组成的球体，与正十二面体（二十）细分的二次迭
代形体相同。

图 17.14　算法以 32 个点为初
始数据生成形体的过程（左一图
为初始点阵，其余形体为点阵重
新分配后形成的）

如果分割球面点的数量不是某一个特定数值（数值不是
12、32、122、272、482、752 等）时，就不会产生正十二
（二十）面体的几何细分模式，而会出现一种以六边形为主的
均匀的形体组合形式，正四面体细分的"果实数量"应是 4、8、
26、56、98 等，正六（八）面体细分的"果实数量"应是 6、8、
14、50、110、194、302、434 等。

（六）其他形体的生成

控制该算法生形的参数包括初始的"果实"附着的表面、点的数量、滞留力（使点留在曲面上的力）与排斥力（Sphere Packing 力）的比值、时间（因两种力在不断的作用，使点的位置始终处在移动的过程中，所生成的形体也是随着时间的推移而改变的）。

图 17.15 是对不规则曲面进行细分后得到的形体，把曲面分割成面积近乎相等的多曲面组合。

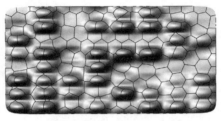

图 17.15 对曲面进行"平均"分割所产生不同的图案

图 17.16 是以半椭球体为初始形体，由该算法程序生成的半椭球形体和球形共同组合的形体，之后用 SolidUnion 命令取其外表面，使之成为一个曲面，使原半椭球形体的单一曲面变为另外一个复杂形体的曲面。

图 17.16 算法生成的复杂形体

图 17.17 是对半球进行十二面体细分后得到的形体，经过模拟受力变形后（右图），形体发生较大变化，由于是不规则的曲面形体，需要对该曲面进行细分，可用此算法程序。

图 17.17 对半球进行十二面体细分后得到的形体以及模拟受力变形后（右图）的形体

（七）建筑形体的生成

本节以某大剧院的外表皮设计为例阐述聚合果形态算法程序的应用，此建筑施工图设计的困难之一的就是表皮的施工图定位和施工问题。[1]

最初的解决方案是对建筑的施工模板进行设计，以保证曲面的光滑和细部的完成度，本建筑施工模板设计的方案之一是采用金属模板，利用板材的多点成型技术进行曲面模板的制作。

板材的多点成型技术要求板材的面积大小几乎一致，所以本算法用在了建筑表皮的模板设计上。

由于受到计算机硬件的限制，需要对此表皮的模板细分进行分区处理，以保证计算机硬件满足要求。

首先，如图 17.18 所示，利用算法将内表皮的模型切割成相对均匀的 100 份。

图 17.18 施工模板设计步骤一

其次，如图 17.19，对其中的一份进行算法处理，使其再细分成相对均匀的 100 份，使每一个细分的小曲面尺寸在板材多点成型技术仪器所需要的范围之内（图 17.20）。

图 17.19 施工模板设计步骤二

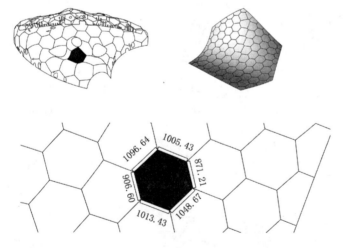

图 17.20 其中的一块模板及尺寸

如此重复上面的工作，直至把所有的模板模型建立出来，以供施工。

---

1 该建筑是上海现代建筑设计（集团）有限公司现代都市建筑设计院与日本矶崎新建筑师事务所的合作项目，其建筑设计理念为用一个不规则表皮"罩"住内部复杂的功能和形体。该建筑施工图设计项目经理是现代集团的李斯特。

图 17.21　大同大剧院透视图和
外表皮平面定位施工图

图 17.22　大同大剧院外表皮建
成效果

（八）聚合果形态算法特点

　　聚合果形态算法要解决的核心问题是如何对曲面进行近似
均匀的细分，此算法生成的形体是以六边形数量占绝对优势的
多边形组合形体。该细分算法生成的形体可以用在二维界面和
三维形体的生成上，生成的形体涉及点、线、面、体等多种空
间元素，应用很广泛；但是该算法的局限是生成的形体以六边
形为主。

　　此算法能够将细分单元尽量的趋同，因此此算法还有一个
很重要的应用是优化设计，如上文中所述的大同大剧院钢筋混
凝土施工模板的设计。

　　此算法未来拓展方向同第 11 章小结中论述的一致，与其他
算法一并将"对平面或者曲面不同的细分模式算法"汇总。

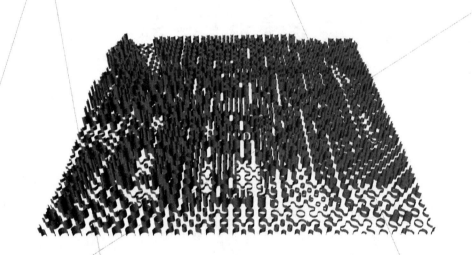

18

蝴蝶翅膀形态的
算法程序及数字设计

（一）蝴蝶翅膀的形态及特点

蝴蝶翅膀的形态构成可分为两个层级，第一层由翅脉组成基本架构，第二层在第一层架构内，由鳞片及其微观结构组成。

按照 John Henry Comstock 及 James George Needham（1898）的理论，根据蛹或幼虫翅原基的气管分布及其发展以及凸脉与凹脉的区别，可建立蝴蝶翅膀第一层翅脉共同的基本脉序；他们对脉序进行了统一的命名：沿着翅前缘行走的翅脉称为前缘脉（costa，简写为 C），与此平行的翅脉称为亚前缘脉（subcosta，简写为 Sc），到达翅的尖端中部的翅脉称为径脉（radius，简写为 R），其后方的翅脉称为中脉（media，简写为 M），接近后缘的翅脉称为肘脉（cubitus，简写为 Cu），最后方的称为翅脉臀脉（anal，简写为 A）[1]。这也是蝴蝶翅膀形态构成的第一层翅脉架构的基本特点（图18.1）。

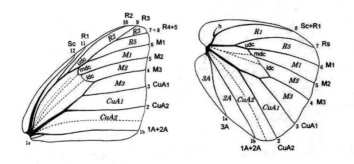

图18.1 翅序

其第二层图案由翅膀上的鳞片及其微观结构构成。蝴蝶的翅膀的调色功能不受神经系统调节，而是通过翅膀鳞片微结构的变化，对太阳光进行折射、反射、衍射等调整，形成丰富的色彩，即蝴蝶翅膀的颜色是环境光与翅膀鳞片相互作用的结果。蝴蝶翅膀的鳞片尺寸为100μm×50μm×1000nm（长×宽×高），鳞片有纵向的嵴，嵴内有很多纳米级的"小凹"（学名为"生物光子晶体"），小凹断面呈抛物线状，小凹内部不同部位对

---

1 参见：百度百科"翅序"词条。

光波产生不同的折射、反射、衍射效应，使光波呈现不同的颜色。蝴蝶飞行时周围之所以会有烟花状晶莹剔透的颜色，原因就在于翅膀的震动使部分鳞片脱落，这部分鳞片仍然受光波作用而造成的。鳞片及其微观结构的特点可归纳为：

a. 每个鳞片微观结构（生物光子晶体）对光波进行干涉，形成不同的颜色；

b. 鳞片的图案是由微观结构"涌现"出来的，但是每一个单独鳞片只反应一种相似颜色的组合（比如渐变的蓝）；

c. 不同生物光子晶体所反应的颜色不同，大量的生物光子晶体形成蝴蝶翅膀的鳞片图案，鳞片图案组成翅膀图案，此过程是一个微观到宏观的"涌现"过程；

d. 相邻生物光子晶体之间的颜色具有梯度差，微观上看不是连续的颜色，在鳞片尺度上看是连续的图案；鳞片的图案也存在梯度差，在翅膀的尺度上看是连续的图案。

e. 第二层受到第一层的影响。

蝴蝶翅膀的形态受到第一层级和第二层级构成的影响而形成。

在图 18.2 中，A 为呈覆瓦状排列的翅膀鳞片；B 显示鳞片布满了小凹；C 为小凹放大图；D 示意小凹底部和周围在非偏振光下显示颜色（下插图示意小凹发生的光的反射）。

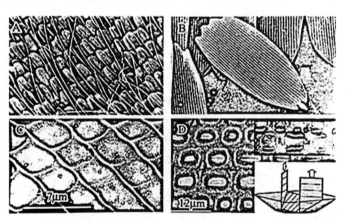

图 18.2 蝴蝶翅膀的显微图片

如图 18.3 所示，由鳞片组成的图案，是翅膀图案的一部分，可见明显的像素离散化特点。而图 18.4 所示为蝴蝶翅膀形态，从中可以看出，虽然有的蝴蝶翅膀图案以色块为主，但也受到脉相的影响。

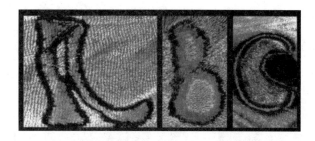

图 18.3　蝴蝶翅膀的第二层图案

以翅脉为图案

翅脉和色块共同生成图案

色块为主，翅脉为辅

图 18.4　蝴蝶翅膀图案

（二）蝴蝶翅膀形态的分析图

　　本章主要研究蝴蝶翅膀形态构成的第二层级，即鳞片及其微观结构的形态生成。

　　鳞片及其微观结构可用图 18.5 表示。

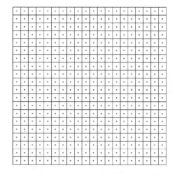

图 18.5　蝴蝶翅膀形态构成的第二层形态分析图

　　图中每个方格代表一个生物光子晶体或者鳞片，每一个单独的生物光子晶体只能够显示一种颜色，每一个单独的鳞片只能显示一种渐变的颜色。该图以一个数字表示一种颜色或者一种渐变的颜色，相邻方格的数字之间梯度很小，由此组成的方格矩阵是局部突变而整体渐变的颜色系统，即多个"小凹"组成一个能显示特有渐变色彩的鳞片，多个鳞片组成第二层图案。

（三）蝴蝶翅膀形态的算法研究

蝴蝶翅膀鳞片及其微观结构的形态可用"像素离散化算法"[1]进行形态生成的模拟。

蝴蝶翅膀第二层级的形态可与像素离散化的算法内涵建立联系，由上文所述的形态特点可知，蝴蝶翅膀第二层级是由鳞片微观结构对光波的干涉而形成，每个生物光子晶体可以看作是一个像素，每个"像素"存在着梯度差，而宏观上看连续的图案。[2] 因而，其第二层级的形态生成算法框图如下。

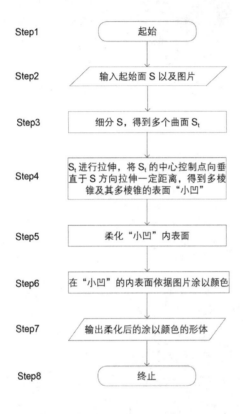

Step1　起始

Step2　输入起始面 S 以及图片

Step3　细分 S，得到多个曲面 S_t

Step4　S_t 进行拉伸，将 S_t 的中心控制点向垂直于 S 方向拉伸一定距离，得到多棱锥及其多棱锥的表面"小凹"

Step5　柔化"小凹"内表面

Step6　在"小凹"的内表面依据图片涂以颜色

Step7　输出柔化后的涂以颜色的形体

Step8　终止

S：原始面，此面需要有贴图；
S_t：S 细分后得到的面

图 18.6　算法程序框图 18——蝴蝶翅膀形态的算法框图

Step2、3、4、5：此四步是形成凹表面，以仿"小凹"形态。之所以要在 Step4 中对细分的曲面进行拉伸，原因是光在反射的时候多了一个层次，而不光是一个平面的无变化的颜色。Step3 中将 S 面细分成有限个曲面 S_t，目的是简化原贴图，形成像素离散化效果。

Step6：对内部涂颜色要考虑原贴图的像素信息，也要对提

1　离散化指把无限空间里的有限数量的个体映射到有限空间里，以此来提高相应算法在时空中的效率，例如：搜索引擎对图片的搜索就是把各种像素及尺寸的图片映射到相应的平面范围内，比如 16×16=256 的平面矩阵，每个像素点取原图片一点的像素信息，以此提高搜索的效率。
2　因光波只有在其波长的尺度上——纳米级才会发生衍射、干涉等现象，但在人的尺度上无法形成纳米级的"小凹"，所以按照此算法生成的形体或者建筑形体只能对光波进行反射，而无法对光波进行其他的干涉，也就是说，在人的尺度上形成的"小凹"只能反映自身的颜色。

取的颜色信息进行"加工"，即在各种影响因素下对数值加以变换。

如果考虑鳞片形成翅膀的图形，则 Step4、Step5 可省略，直接在细分的曲面上施以颜色，形成像素离散化的图形。

如果考虑第一层图形，Step6 后面加上（外部网络）翅脉对以形成的图形进行干扰，形成新的受网络干扰影响的图形。

（四）蝴蝶翅膀形态的算法程序

对曲面进行细分过程此处从略，细分后对每一个曲面进行涂色的过程如图 18.7 所示。

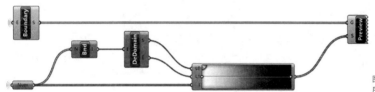

图 18.7　曲面"涂色"的基本程序

有关鳞片形成翅膀图形的模拟与上面步骤相似，这里可以换一个软件以增加模拟形式的多样性。下文为 Processing 模拟的像素离散化图案源代码。

```
PImage img;   // 定义图片。
int ptsize = 10;   // 定义每个像素的大小（鳞片的大小）。
void setup(){
  size(300,300);   // 定义运算的图案尺寸。
  img = loadImage("sight.jpg");   // 提取图片。
  background(0);   // 定义底色。
  smooth();
  }// 光滑像素。
void draw(){
  int x = int (random (img.width));
  int y = int (random (img.height));
  int loc = x+y*img.width;   // 随机出现像素点。
  loadPixels();
  float r = red(img.pixels[loc]);
  float g = green(img.pixels[loc]);
  float b = blue(img.pixels[loc]);   // 在像素点处提取原图片的 RGB 值。
  fill(r,g,b,100);   // 填充上述的颜色。
  noStroke();   // 不要边框。
  ellipse(x,y, ptsize, ptsize);
  }// 将每个像素理解成为圆，每个圆涂单一颜色。
```

（五）蝴蝶翅膀形态的原型模拟

如图 18.8 所示，运用算法程序可以生成与生物原型形态相似的、具有像素离散化特点的形体。左图是生成的图案，右图蝴蝶翅膀图案，右图与图 18.3 所示蝴蝶翅膀的第二层图案一致，左图与右图有相似性，具有噪点、小部分随机性和离散化的特点。

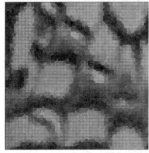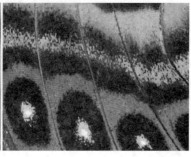

图 18.8　蝴蝶翅膀形态原型模拟

（六）其他形体的生成

此算法程序可以运用到对数据分析上，如图 18.9 所示为广西梧州民居南立面遮阳形式以及尺寸对能耗的影响，Z 轴的能耗值是连续变化的，要对其进行离散化处理以满足可视化要求。[1]

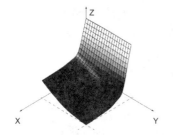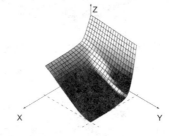

图 18.9　遮阳形式以及尺寸对能耗的影响

图 18.10 是用 Processing 模拟的像素离散化图案。

图 18.10　用 Processing 模拟的像素离散化图案

图 18.11 所示，在方格网点阵处画圆，后用随机点阵进行干扰，使相邻点处的圆随机融合，形成新的图案（左图），再依据像素灰度值拉伸曲线而形成右图的形体。

1　参见：李宁，李翔宇，景泉，李林.基于性能模拟和数据分析的遮阳形体设计模式研究——以广西西江流域民居为例 [J].建筑学报（学术论文专刊），2018, 2.

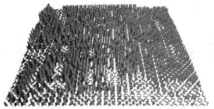

图 18.11　依据像素灰度值拉伸曲线而形成的形体

（七）建筑形体的生成

广西武鸣环境楼的表皮设计运用了该算法程序。环境楼为多层综合功能的建筑，其外表皮由四种不同尺寸的矩形砌块组成，砌筑方式依据当地壮锦图案进行排列，该表皮可遮挡后面设备管道，又可使建筑设计与当地文化发生关联。

按照设计意图（图 18.14），在不同尺寸的砌块进行砌筑后，按照壮锦图案对砌块壁"小凹内部"进行涂色处理，由于涂色面的方向与观看者的角度随着"步移"而"景异"，更增加了建筑表皮的趣味性，从不同角度观看，像素离散化后的"壮锦"形态不同。

图 18.12　武鸣环境楼透视图

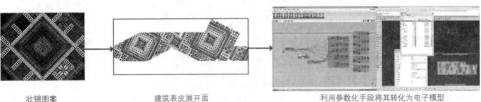

壮锦图案　　　　　　建筑表皮展开面　　　　　　利用参数化手段将其转化为电子模型

图 18.13　武鸣环境楼表皮生成过程及效果图

图18.14 表皮在不同角度观察
时的效果

（八）蝴蝶翅膀形态算法特点

蝴蝶翅膀的形态可由两层结构叠加而形成。第二层结构可用"像素离散化算法"进行模拟生成，其要解决的核心问题在于将复杂的图案或者数据进行简单化处理和二次"加工"。

此算法的应用之一是可用在二维形体的生成设计上，比如建筑的表皮和总图的肌理设计等；应用之二是优化设计，比如将一个连续的图案离散化，减少单元的种类，使单元能够用有限数量的模板进行加工（见建筑形体生成部分）。应用之三是在数据可视化方面，比如对景观基地的温度和植被数值信息用像素离散化的方法表示出来，能够更直观的反应数值的变化（图18.9）。

此算法未来可进行再拓展，比如在数据简化及编辑方面、二维形体和纹样的生成、减少单元的优化设计、数据可视化等应用均是对大量数据进行抽样选择后的再编辑，以此反应数据的全貌，加快搜索的速度。如果数据过于庞大，可借助于上述第一层图案的方法首先将数据"划分区域"，再进行算法的生成。因此此算法可以进一步发展成为建筑师可用的图形与数据分析相结合软件，即输入大量数据后生成结合基地的、对数据进行抽样选择后的统计的分析图，以此作为形体设计的依据，进而生成建筑形体。

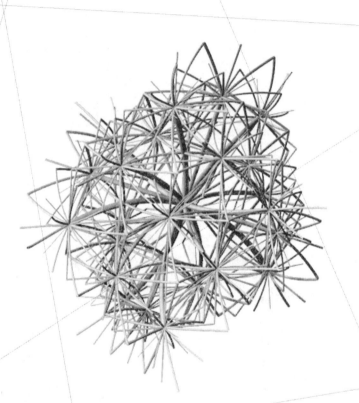

19

人体呼吸系统及
循环系统形态的
算法程序及数字设计

（一）人体呼吸系统及循环系统的形态及特点

人体的呼吸系统由气管和肺组成，肺是由原肠壁内陷而形
成肺芽，并不断发育成肺；而气管会产生分支形成支气管进入肺，
支气管在肺中进一步地分支，在末端形成肺泡，可拓展气体交
换的面积，故其肺称为"肺泡肺"。哺乳动物的肺泡肺非常发达，
人的肺分为 5 个肺叶，总的肺泡数量多达 7 亿个。

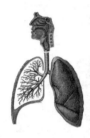

图 19.1　人的呼吸系统形态

图 19.1 中的左图是呼吸系统的解剖形态，是气管、支气管
及支气管在肺中的形态；中间图是支气管的解剖图；右侧图表
示的是支气管分支末端形成肺泡，在肺泡处毛细血管与空气进
行气体交换。

人体的循环系统分为血液循环系统和淋巴循环系统。血液
循环系统包括心脏、动脉、静脉、毛细血管。淋巴循环系统包
括淋巴心、淋巴管、淋巴结，是血液循环的补充。

血液循环系统由心脏提供动力，分为两条单向的回路：体
循环和肺循环。

体循环是动脉从心脏输送动脉血到全身各处，动脉血管逐
级分支，分为大动脉、中动脉、小动脉、微动脉，最终形成毛
细血管，毛细血管无盲端，逐步汇合成小静脉，小静脉再逐步
汇合成前主静脉、后主静脉、前大静脉、后大静脉，输送静脉
血流回心脏。

肺循环是肺动脉从心脏输送静脉血液至肺部，动脉逐级分
支，分支停止于肺泡的毛细血管处，毛细血管无盲端，逐步汇
合成小静脉、肺静脉，输送动脉血流回心脏。

淋巴循环系统作为血液循环系统的补充，具有回收蛋白质、运输脂肪和其他营养物质、调节血浆和组织液平衡、清除细菌的作用。淋巴循环系统形态为单项的由毛细淋巴管逐步汇合成淋巴管，最终汇合成两条最大的淋巴管（胸导管、右淋巴导管），进入左右锁骨下的静脉。形态同静脉相似。

图 19.2　人手血管、人心脏血管的分形形态

人体呼吸系统及循环系统的形态均以分形为特点，具有自相似性，其分形单元布置在母单元的周围空间里，各级分形单元均是以下一代的系统围绕上一代的系统而成。气管不断分支形成支气管，支气管继续不断分支最终形成分形状呼吸系统；而循环系统也是分形的形态系统，但它是无盲端的分枝形态。人体呼吸系统及循环系统二者均以分维数为非整数的分形形态来填充所在空间。人类支气管的分维数约为 2.17，人类循环系统的分维数约为 2.30[1]。

（二）人体呼吸系统及循环系统形态的分析图

通过对图 19.1、图 19.2 的形态特点的总结，可以得到图 19.3 所示的形态特点分析图。

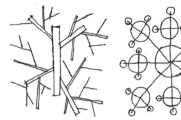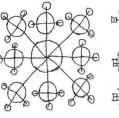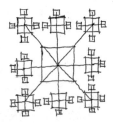

图 19.3　呼吸、循环系统形态的拓扑变形分析图

如图 19.3 所示，呼吸系统、循环系统的形态可以理解为单体进行自相似复制、缩放后分布于母体周围空间（左图）。如果将单体本身进行抽象，将其视为一个标准的几何体，该几何体进行复制后缩小，均匀地分布于母体周围，如此循环的进行拓扑变形后可以将左图的形体变换成中间图和右侧图的分形形态图形。如果把呼吸系统和循环系统的形态极端化，即自相似的单元均为规则形体，而且各级分形单元均在母单元的周围空间里以固定的数量均匀分布，那么这种分形系统可以理想化的

1　参见：汪富泉，李后强 . 分形——大自然的艺术构造 [M]. 济南：山东教育出版社，1993：220~221.

表示为谢宾斯基垫片（Sierpinski Carpet）及其拓展的形式——
门杰海绵（Menger Sponge），即各级的镂空部分在空间上围
绕上级镂空部分（图19.4、图19.5）。

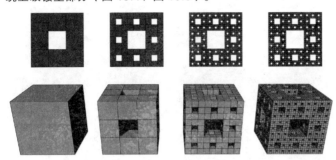

图 19.4　宾斯基垫片的迭代形体

图 19.5　门杰海绵的迭代形体

（三）人体呼吸系统及循环系统形态的算法研究

无论是谢宾斯基垫片还是门杰海绵，均是以自相似的迭代
形式来填充所在平面或者空间，其分维数是非整数的且是随着
迭代次数不同而不断增加的。

但是二者都是极端抽象的分形形式，需要进行拓展。在迭
代规则相同的情况下，谢宾斯基垫片的拓展形式数量是有限的，
可以穷举出来的，比如考虑将三个正方形细分而且只将每个正
方形分成四份并"拿走"其中的一份，共有 4^3=64 种图案，考
虑到对称性，共有 36 种不同的图案（图19.6、图19.7）。

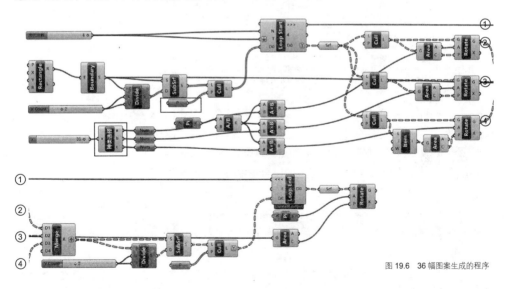

图 19.6　36 幅图案生成的程序

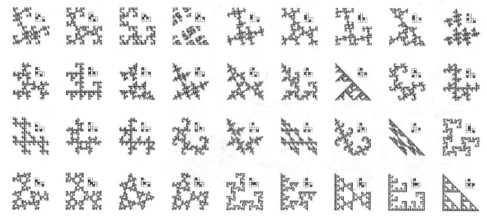

图 19.7　36 幅图案

图 19.7 中的每个图案中的右上角图形为生成器，其生形过程是极端理想的状况。由此可知：制定了一定的规则发生器后，谢宾斯基垫片的数量是有限个。那么其他形状的谢宾斯基垫片分形图案与正方形的相仿，规则制定后也是有限个。但如果每一次迭代所依据的发生器不同，可以随机选择，而且迭代次数不受限制，则可出现无限个不同的图案。

图 19.6 中的 P 运算器中的 Boolean 为：

False　True　True　True

种类选择功能块用 Python 语言写成。

源代码如下：

```
if x==1: c=[0];b=[0];a=[0]  if x==2: c=[0];b=[0];a=[1]  if x==3: c=[0];b=[0];a=[2]
if x==4: c=[0];b=[0];a=[3]  if x==5: c=[0];b=[1];a=[1]  if x==6: c=[0];b=[1];a=[2]
if x==7: c=[0];b=[1];a=[3]  if x==8: c=[0];b=[2];a=[2]  if x==9: c=[0];b=[2];a=[3]
if x==10: c=[0];b=[3];a=[3]  if x==11: c=[2];b=[0];a=[0]  if x==12: c=[2];b=[0];a=[1]
if x==13: c=[2];b=[0];a=[2]  if x==14: c=[2];b=[0];a=[3]  if x==15: c=[2];b=[1];a=[1]
if x==16: c=[2];b=[1];a=[2]  if x==17: c=[2];b=[1];a=[3]  if x==18: c=[2];b=[2];a=[2]
if x==19: c=[2];b=[2];a=[3]  if x==20: c=[2];b=[3];a=[3]  if x==21: c=[1];b=[0];a=[0]
if x==22: c=[1];b=[0];a=[1]  if x==23: c=[1];b=[0];a=[2]  if x==24: c=[1];b=[0];a=[3]
if x==25: c=[1];b=[1];a=[0]  if x==26: c=[1];b=[1];a=[1]  if x==27: c=[1];b=[1];a=[2]
if x==28: c=[1];b=[1];a=[3]  if x==29: c=[1];b=[2];a=[0]  if x==30: c=[1];b=[2];a=[1]
if x==31: c=[1];b=[2];a=[2]  if x==32: c=[1];b=[2];a=[3]  if x==33: c=[1];b=[3];a=[0]
if x==34: c=[1];b=[3];a=[1]  if x==35: c=[1];b=[3];a=[2]  if x==36: c=[1];b=[3];a=[3]
```

其中 x 代表选择种类，共有 36 个选择，[ ] 中的数字代表旋转的角度，如 c = [1] 代表 c 所在的正方形以自身中心点为基准旋转 90°，a = [2] 代表 a 所在的正方形以自身中心点为基准旋转 180°。

门杰海绵的形态和种类个数的讨论也与此穷举的方法类似，但是由于该形体是三维的，发生器需要对空间的对称性进行讨论。

图 19.8 左图中不考虑空间对称性有 27 种"拿掉"盒子的方案，如果考虑空间对称性，共有如右图所示的 4 种"拿掉"盒子的方案（1 示意角部单元、2 示意面心单元、3 示意边中单

元、4 示意体心单元）。前者所"拿掉"的盒子的类型共有 27 种，故最终形成的二次迭代形体的种类为 $27^{27} \approx 4.43 \times 10^{38}$，考虑到空间的对称性，后者"拿掉"的盒子的类型共有 4 种，故最终形成的二次迭代形体的种类为 $27^4 = 531441$。

图 19.8 发生器

这里关注的是以"拿掉"的手法而形成的镂空单元在空间上围绕上一级镂空单元的形式。如果进一步拓展，将谢宾斯基垫片和门杰海绵的形体做进一步扩充，即"拿掉"的形式随机，迭代的过程也具有随机性，则可以生成多种分维数为非整数形式填充空间的形体。

在此基础上总结人体呼吸系统及循环系统的形态算法有五个特点。

a. 原始输入的形体多样化；b. 对输入形体进行细分的形式多样化；c. 发生器的形式多样化；d. 控制迭代的次数；e. 对上述四项因素进行随机组合。

基于此，形态算法框图可表示为下图。

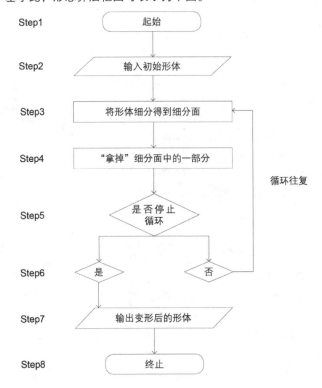

图 19.9 算法程序框图 19——人体呼吸系统及循环系统形态的算法框图

217

框图中的 Step2 中输入的形式可以多样，可以是线、面、体及其组合形式；

Step3 中细分的形式可以多样，细分的形式涉及空间镶嵌，详见第 17 章；

Step4 中的"减法"形式可以多样，在不同次数的迭代过程中，不同的多样随机参数可以随机结合，生成多样化的形式，不断拓展生形的可能；

Step4、5、6 控制的是迭代的次数，迭代的次数不宜过多，否则形体的尺度会过小，而且计算量呈几何关系增长。

（四）人体呼吸系统及循环系统形态的算法程序

实现该算法的形态生成需要借助 Anemone 或者 Hoopsnake 来进行迭代，中间过程可以通过 Weavebird 插件或者其他手段来实现。如图 19.10、图 19.11 所示，用 Anemone 进行迭代计算，中间的过程用的是 Weavebird 和 Grasshopper 自带的计算器。

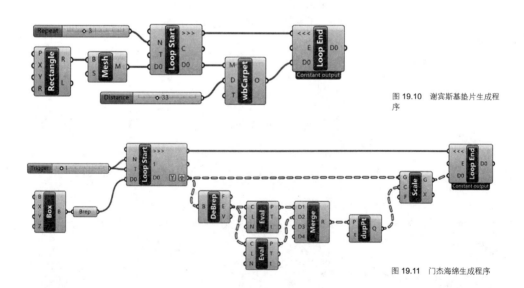

图 19.10　谢宾斯基垫片生成程序

图 19.11　门杰海绵生成程序

（五）人体呼吸系统及循环系统形态的原型模拟

利用上述算法程序可以生成呼吸系统及循环系统的原型（图 19.12、图 19.13）。图 19.12 中是将门杰海绵的所有六面体的角点、边中点、面中点和六面体中心连线（左一图），充满整个海绵形体（左二图），加上截面（右二图），经过变形，形成与生物原型类似的形体（右一图）。图 19.13 与图 19.12 基本同理，但是每次迭代生成后，提取的是六面体中心点和母六面体中心点的连线。

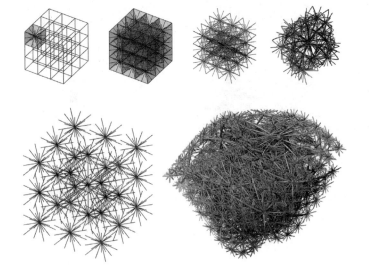

图 19.12　人体呼吸系统及循环系统形态原型模拟 1

图 19.13　人体呼吸系统及循环系统形态原型模拟 2

（六）其他形体的生成

　　控制该算法生形的参数有初始输入的形体、细分的形式、发生器和迭代次数，这四个参数会使生成的形体有无穷多的变化。

　　图 19.14 中输入的形体是正方形；细分形式是沿边重点进行细分；发生器是把细分后形体的中间部分（三角形和四边形）删除；迭代次数为 6。

　　图 19.15、图 19.16 输入的形体分别是正十二面体、正二十面体；细分的形式是 Loop Subdivision；发生器是减去中间形体（三角形）、迭代次数分别是 5、6。

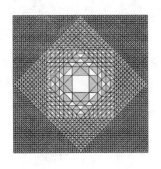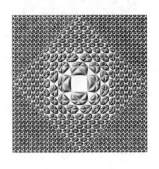

图 19.14　其他形体的生成 1

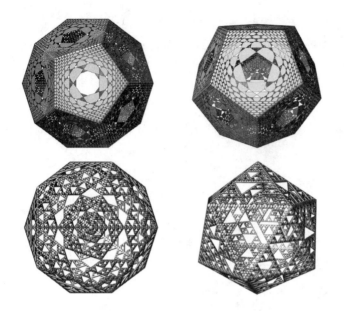

图 19.15　其他形体的生成 2

图 19.16　其他形体的生成 3

（七）设计形体的生成

本节以一个景观小品——草坪灯具形体的生成为例阐述形态算法程序的运用。如图 19.17 的程序和生成图片所示：在球体的基础上进行 Catmull-Clark 细分（见第 14 章），细分后的 Mesh 形体每 5 个 Face "减掉"一个，迭代 3 次生成镂空形体。

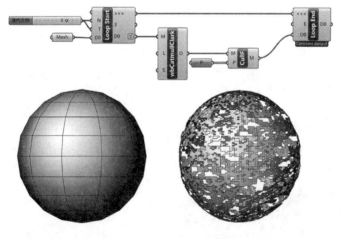

图 19.17　景观小品形体生成程序

图 19.18　景观小品形体雏形

如图 19.19 所示，在镂空形体的基础上将 Mesh 加厚，可以得到景观小品的形体。

按照设计意图，如图 19.20 所示，在草地上以此形体作为灯具，材质为半透明的磨砂玻璃，晚间可以在草地上形成富有特色的光影效果。

图 19.19　景观小品形体

图 19.20　景观小品透视图

（八）人体呼吸系统及循环系统形态算法特点

人体呼吸系统及循环系统的形态算法是分形的算法，生成的形体具有明显的分形的特征，可以应用在以"镂空"或者"减法"为主要设计手段的建筑形体上，无论是二维还是三维的形体，都可以通过该算法进行"留白"而生成复杂形体。

此算法的缺点是对初始形体和细分形式依赖较高，是对初始形体进行细分后对其进行生成设计的算法，细分的形式决定了后续生形的形式，而细分的模式有多种多样，依赖于其他算法，因此此算法是对其他细分算法的后续深化设计的算法，独立性较弱。

此算法在生形时如果迭代的次数过多则会生成尺度变化巨大的形体，这种形体往往不适合作为建筑形体，故需要对迭代次数进行有效的控制（2~4 次即可），使生成的形体内部单元的尺度在人的尺度范围内，以满足人使用的要求。

此算法未来拓展方向形成"减法"软件，与第 13 章小结中所述细分算法库中算法一起通过"减法"和迭代生成复杂形体。

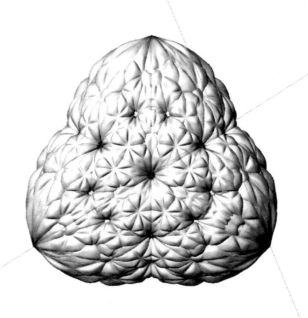

20
人体消化道形态的
算法程序及数字设计

（一）人体消化道的形态及特点

消化系统由消化道和消化腺组成，本章主要研究消化系统中消化道的形态。消化道的形态是一条管状的肌性通道，通过管道的不断弯曲、内壁上的褶皱、褶皱中的褶皱来不断增加消化道的表面积，以确保消化和吸收等生理活动的正常进行。

图 20.1 的上面两幅图所示为小肠肠镜（左）及小肠绒毛形态（右），属于两种完全不同的尺度，小肠肠镜所显示皱襞上许多突起叫作小肠壁，由一层小肠绒毛组成。下面两幅图所示为消化道的分形形态，在不同尺度上均有凸起，以增加壁的表面积。

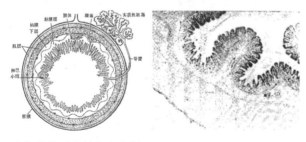

图 20.1　消化道的分形形态

消化道的形态特点可归纳为：

a. 具有突起状的自相似的分形特征；

b. 在不同尺度上测量，其总长度是变化的（小肠的长度在考虑小肠绒毛时比不考虑小肠绒毛时的长度长）；

c. 剖面上看具有明显的自相似分形的特征；

d. 空间上看是每次迭代向一个方向凸起，凸起数值递减。

（二）人体消化道形态的分析图

图 20.2 中左图示意消化道的剖面形态，中图示意将消化道形态予以抽象化，将每一个凸起均抽象成四边形，右图示意将凸起的个数简化。

同理，图 20.3 中示意消化道的剖面形态予以三角形抽象。如果考虑极限状态，每次迭代为规则直线折起而组成，各级分形单元均在直线段中间三分之一处折起、并不断向微观进行自相似发展，这样，这一分形系统就可以科赫雪花曲线[1]的形式来表示（图 20.4）。

图 20.5 中示意将消化道的剖面形态三维化，即在面的基础上通过"凸起"变形，形成复杂形态。

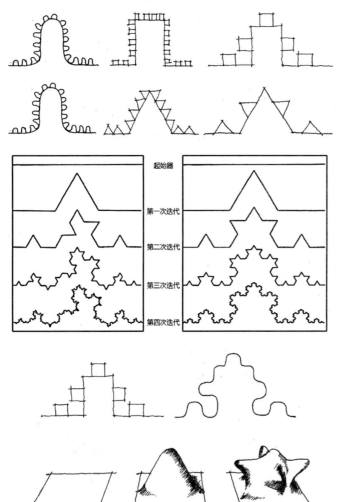

图 20.2　消化道剖面的简化形式之一

图 20.3　消化道剖面的简化形式之二

图 20.4　科赫曲线生成过程

图 20.5　消化道的分形形态三维图解

起始器
第一次迭代
第二次迭代
第三次迭代
第四次迭代

1　科赫雪花曲线（Koch Snowflake）是瑞典科学家科赫（Helge Von Koch）于 1904 年提出来的。
参见：Von Koch, Helge. Sur une courbe continue sans tangente, obtenue par une construction géométrique élémentaire. Arkiv för Matematik 1, 1904: 681-704.

（三）人体消化道形态的算法研究

人体消化道的形态算法与原始形体的输入、对形体的细分形式、发生器——"凸起"的形式、迭代的次数四个方面有关，这四个方面共同影响着形态生成。其框图可表示为下图。

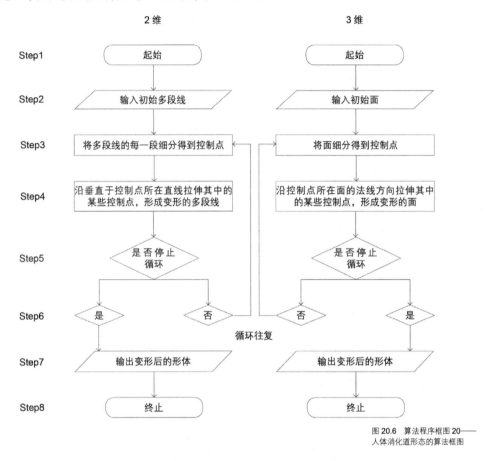

图 20.6　算法程序框图 20——
人体消化道形态的算法框图

Step2 中输入的形式可以多样，Step3 中细分的形式可以多样，Step4 中的"拉伸"形式可以多样，在不同迭代的过程中，三者可以随机结合，生成形式则多样化。

Step4、5、6 控制的是迭代的次数。

（四）人体消化道形态的算法程序

实现上述算法的形态生成需要借助 Anemone、Hoopsnake[1] 来进行迭代或者通过计算机语言进行编程。如图 20.7、图 20.8 所示。

_____
1　二者都是 Grasshopper 的插件，可用来进行迭代计算。

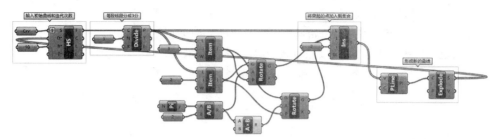

图 20.7　将消化道的分形形态抽象为四边形（对应图 20.2）的算法程序

```
import rhinoscriptsyntax as rs
import math   # 导入 package
def fractalization(pline):   # 定义发生器函数。
    pe = rs.CurveEndPoint(pline)
    segments = rs.ExplodeCurves(pline, True)
    segment_points = []
    for segment in segments:
        l = rs.CurveLength(segment)
        p1 = rs.CurveStartPoint(segment)   # 取每条线段的首点。
        p2 = rs.EvaluateCurve(segment, rs.CurveParameter(segment, 0.3333))   # 取
每条线段的 1/3 处点。
        p4 = rs.EvaluateCurve(segment, rs.CurveParameter(segment, 0.6666))   # 取
每条线段的 2/3 处点。
        p3 = rs.PointAdd(rs.EvaluateCurve(segment, rs.CurveParameter(segment,
0.5)),
            rs.VectorUnitize(rs.CurvePerpFrame(segment, rs.CurveParameter(segment,
0.5))[1])*math.sqrt(0.75*(l/3)**2))   # 取每条线段的中点并沿着垂直于线段的方向移动到相应
的位置。
        rs.DeleteObject(segment)
        segment_points.append(p1)
        segment_points.append(p2)
        segment_points.append(p3)
        segment_points.append(p4)
    segment_points.append(pe)   # 将所有新形成的点加入一个集合。
    return rs.AddCurve(segment_points, 1)   # 将集合中的点重新连线，形成新的折线。
def kochcurve(pline, gen_count):   # 定义迭代函数，gen_count 为迭代次数。
    rs.EnableRedraw(False)
    i = 1
    while i<=gen_count:
        pline = fractalization(pline)
        i+=1
    rs.EnableRedraw(True)
    return pline
a = kochcurve(x, y)   # 输出形体。
```

科赫雪花曲线生成程序源代码

利用 Grasshopper 内置的 Python 运算器写入，输入端是 x、y 两项，输出端是 a 一项。

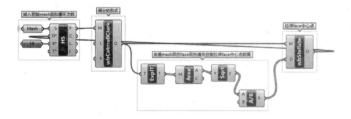

图 20.8　人体消化道的形态算法（三维）的基本生形程序（运用 Hoopsnake、Weavebird、Grasshopper）

（五）人体消化道形态的原型模拟

利用上述算法程序可以生成消化道的形体原型，这里将消化道形体进行了简化，表现其分形"突起"的自相似迭代形体。图 20.9 是以四边形凸起抽象形态的算法程序生成的形态原型（对应图 20.2）；图 20.10 以 Python 代码生成的科赫曲线（对应图 20.3）；图 20.11 是人体消化道的形态算法（三维）的基本生形程序生成的"与消化道形态相似的形体"（对应图 20.4），该形体以一个平面作为生形的最基本依据，随着迭代次数的增加"突起"的数值减少，以模拟消化道的分形形态。

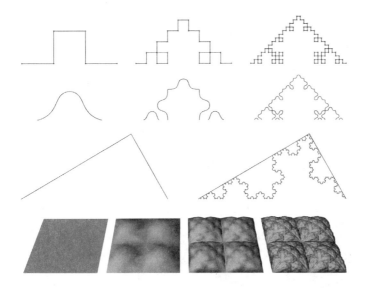

图 20.9　形态原型模拟 1（以四边形凸起）

图 20.10　以 Python 代码生成的科赫曲线

图 20.11　形态原型模拟 2

（六）其他形体的生成

控制该算法生形的参数是原始输入的形体、细分形式、发生器、迭代次数四个。将这四个参数进行变化或不同的组合，可生成多样形体。

图 20.12 的原始输入形体是六边形和五边形，以四边形的"凸起"作为发生器，"凸起"方向分别为向内和向外，迭代次数均为 4。

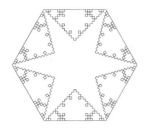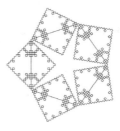

图 20.12　人体消化道的形态算法生成的其他形体之一

图 20.13 的原始输入形体是四边形、六边形、十六边形，以科赫曲线的规则作为发生器，"凸起"方向为向内和向外结合，迭代次数均为 3（中间形体的向内"凸起"的迭代次数为 2）。

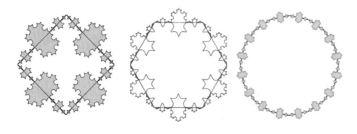

图 20.13　人体消化道的形态算法生成的其他形体之二

图 20.14 的原始输入形体是四边形的面（上图）和六面体（下图），细分的形式 Catmull-Clark Subdivision，"凸起"方向为向外，迭代次数均为 3。

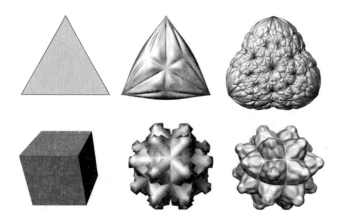

图 20.14　人体消化道的形态算法生成的其他形体之三

（七）建筑形体的生成

本节以一个教堂形体设计为例。该建筑设计用算法生成以上不同柱子截面（图 20.15），柱子截面是变化的，以这些变化的形体为截面，在人的高度上截面接近于正方形，到高处逐渐变化为分形的形体，形成柱头放大的柱子（图 20.16）。外表皮部分则用到三维消化道形态算法的程序。原始输入形体是六面体；细分的形式 Catmull-Clark Subdivision；"凸起"方向为向内；迭代次数为 3（过程见图 20.17）。

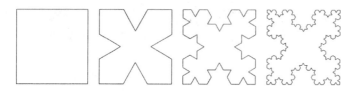

图 20.15　建筑形体的柱子截面

图 20.16　教堂透视图

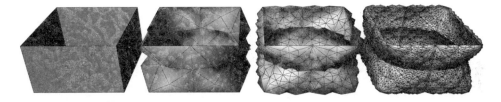

图 20.17　教堂外表皮生成过程

图 20.18　教堂透视图

（八）人体消化道形态算法特点

人体消化道的形态算法分为二维和三维两个算法，其基本理念是对初始输入的线和面进行分形处理，进而生成复杂形体。所以该算法可以应用在尺度变换的建筑形体生成设计上，比如将一个远大于人体尺度的形体分形拆解至人体尺度的范围内，图 20.15~ 图 20.17 提到的柱子设计就是一个例证，该柱子柱头部分尺寸较大，故将其轮廓细分，以使其与柱根尺度协调。

此算法也可进行拓展，一方面可将三维的生形算法进一步完善，使之成为对面和体进行编辑的工具；另一方面，可将本书列出的分形算法汇总，形成一个分形形态生成算法库，通过对线、面、体的编辑进行区分，以供建筑师设计时进行灵活选用。

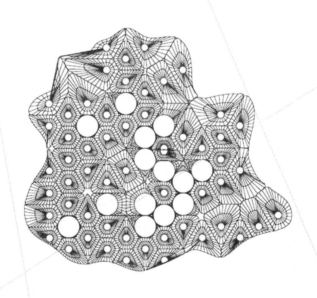

21

海绵动物形态的
算法程序及数字设计

（一）海绵动物的形态及特点

海绵动物是低等的多细胞动物，还未出现组织分化，其形态多变，多数不对称，以单体或者群体方式固着于某处存活。它由单体突起物逐渐群集而成为一个海绵体，随后再在小的单体密集的地方长出较大的突起物作为出水孔。

海绵生长可以分为三个阶段，第一阶段确定初始生长单体，形成突出的乳头状突起进行吞吐；第二阶段在初始单体周围继续选择性出现其他单体，并逐步发展成为密集的单体群集；第三阶段密集的吞吐突起单体进行分化，一部分单体分化为进水孔，一部分则分化成为大的出水孔。

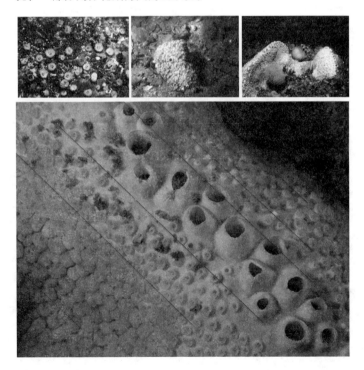

图 21.1　上图：隐居穿贝海绵密集形态（未分化）；下图：隐居穿贝海绵进水孔和出水孔聚集的形态

海绵动物的形态特点表现为体形较小，外表有群集的较小的突起单体，同时有若干较大而突起的圆孔；较小的突起单体为海绵动物的进水口，而较大的突起圆孔为其出水口。

从初始生长单体，到大小突起物密集的成熟海绵体，它是一个历时性的发展形态。

（二）海绵动物形态的分析图

海绵体的生长过程特点可简述为，首先确定海绵的初始生长点，并在其周围选择下一个有可能的生长点，形成初步的密集点形态，这些点可看作海绵的进水口；其次，密集点出现分化，形成较大的点，这些较大的点可看成出水孔；由此形成海绵的形态。

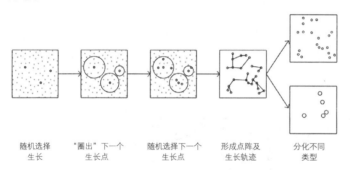

| 随机选择生长 | "圈出"下一个生长点 | 随机选择下一个生长点 | 形成点阵及生长轨迹 | 分化不同类型 |

图 21.2　海绵动物生长过程形态的分析图

（三）海绵动物形态的算法研究

按照上述形态特点，海绵动物的形态算法框图可写成如图21.3 所示。

在流程图中，Step2的点阵形式可以多样，选取的点阵是"初始海绵细胞个体"着生的点。

Step3、4：生长范围是以母体为中心做圆或球，将括在其中的点作为基本的着生点，随机选择基本着生点"生成"新的个体并留出生长路径。

Step6 之前模拟的是进水孔着生点及其连线。

Step7 输出框输出的是进水孔的着生点及其连线，Step7 处理框、Step8、Step9 模拟的是出水孔着生点及其连线。

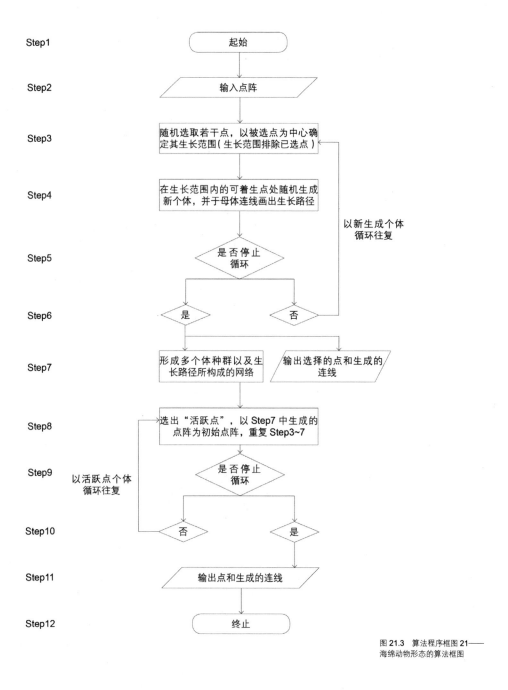

Step1	起始
Step2	输入点阵
Step3	随机选取若干点，以被选点为中心确定其生长范围（生长范围排除已选点）
Step4	在生长范围内的可着生点处随机生成新个体，并于母体连线画出生长路径
Step5	是否停止循环
Step6	是 / 否
Step7	形成多个体种群以及生长路径所构成的网络 / 输出选择的点和生成的连线
Step8	选出"活跃点"，以 Step7 中生成的点阵为初始点阵，重复 Step3~7
Step9	是否停止循环
Step10	否 / 是
Step11	输出点和生成的连线
Step12	终止

以新生成个体循环往复

以活跃点个体循环往复

图 21.3　算法程序框图 21——
海绵动物形态的算法框图

（四）海绵动物形态的算法程序

要实现上述算法的形态生成，需要借助 Anemone 或者 Hoopsnake 的计算，中间过程可以通过 Grasshopper 自带的基本运算器进行计算。

第一步，建立初始点阵并随机选择初始生成点。

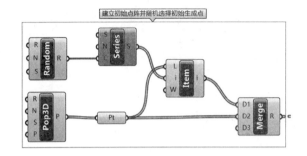

图 21.4　建立初始点阵并随机选择初始生成点

第二步,选择"生长点",并在周围一定范围内与若干点连线。

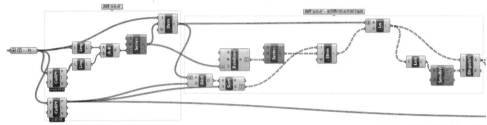

图 21.5　选择"生长点",并在周围一定范围内与若干点连线

第三步,Bake 出每一次迭代形成的直线并去除上一次的"生长点",以上一次迭代生成的直线末端点作为新的"生长点"进入下一次迭代。

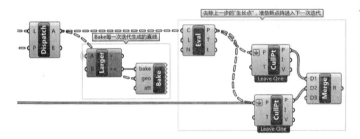

图 21.6　记录本次迭代生成结果并进入下一次迭代

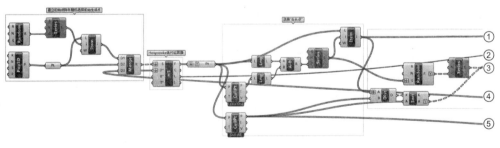

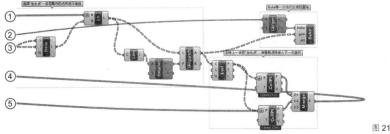

图 21.7　完整程序图

238

（五）海绵动物形态的原型模拟

用上述基本程序进行不断的迭代可以生成与海绵动物生长
过程形态相似的形体（图21.8~图21.11）。

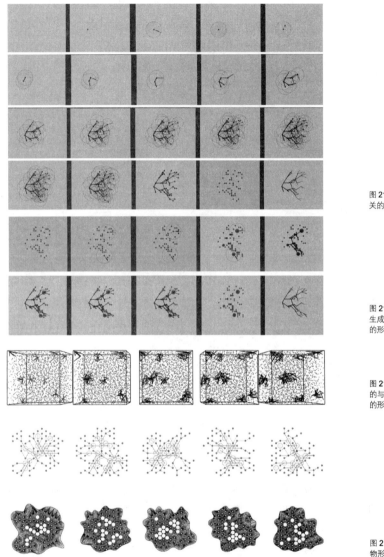

图21.8 与海绵生长过程形态相关的形体（进水孔）

图21.9 在图21.8的基础上再生成与出水孔生长过程形态相关的形体（二维）

图21.10 1到5次迭代而生成的与海绵动物生长过程形态相似的形体（三维）

图21.11 算法程序生成海绵动物形体

（六）其他形体的生成

控制该算法生形的参数主要为，生成初始点阵、随机数生
成器(随机过程发生在初始点阵、初始生长点的选择、每步在"圆"
或者"球"选择点的个数)、迭代次数、"分化"的后续设计。
改变这些参数可生成其他的形态。

图 21.12 是以三棱锥内点阵为初始生成点，控制每次"分枝"
随机数在 1、2 之间选择的条件下生成的形体。

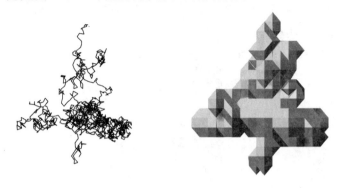

图 21.12　算法生成其他形体一

图 21.13 是以此算法程序生成线形体后，对线进行"包裹"
形成面，再将面进行三角形细分后得到的形体。

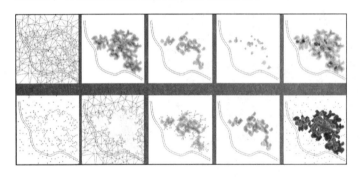

图 21.13　算法生成其他形体二

（七）设计形态的生成

本节以一个景观规划的总平面设计为例。首先以基地为
初始形体，选择初始生长点，利用算法生成不同形体（图
21.14），第二步是将生成的形体"套"在基地的平面上
（图 21.15），第三步是将新形成的总平面进行功能分化（图
21.16），第四步是将所有功能分化后，形成新的总平面。

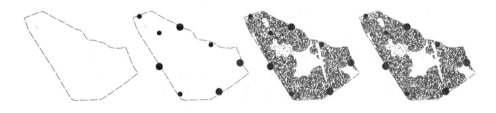

图 21.14　设计形体生成过程

图 21.15　设计形体在基地上

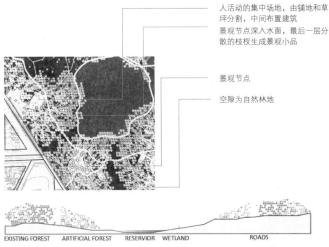

人活动的集中场地，由铺地和草
坪分割，中间布置建筑

景观节点深入水面，最后一层分
散的枝杈生成景观小品

景观节点

空隙为自然林地

EXISTING FOREST　ARTIFICIAL FOREST　RESERVOIR WETLAND　ROADS

图 21.16　设计形体的功能分化

（八）海绵动物形态算法特点

　　海绵生长过程的形态算法是在点阵上随机生成线的算法，
其形成的线网络成"团"出现，逐步"侵蚀"原有点阵，最
终形成基于原有点阵的复杂线网络。此算法生成的线网络只
是设计形体的雏形，需要深化设计才能形成规划形态或作为
建筑形体，比如赋予线截面（图 21.13），或者赋予功能（图
21.16），从而成为所需设计形态。

22

海绵骨针形态的
算法程序及数字设计

（一）海绵骨针的形态及特点

海绵骨针生长在海绵表皮内侧，起到加固海绵整体结构强度的作用。海绵骨针个体之间尺寸差别很大，最大的可以用肉眼看到；海绵骨针单体是由硬皮细胞（Sclerocytes）形成，该细胞以每小时 1~10 微米的速率在三维空间内生长，当长到一定长度后开始分叉生长；它是不规则或者空间对称的几何形状，并呈分形状。

图 22.1　海绵骨针的形态

海绵骨针的形体在形成过程中与其周围环境关系密切，它在水中生活，水的浮力与其重力抵消，它在一个三维空间内处于完全对称的生活状态，每个方向上的生存压力均是相同的，因此会生长出无规则或者球形对称的形态。它的表皮之所以外突起也是本身单体向周围空间延伸的"策略"需求，当延伸到一定长度时，限于本身形态和材料的矛盾，开始出现分形，形成分叉的形态。同时这种分形的形态也是为了适应自身功能而形成的，比如海绵骨针是加强海绵表皮强度的，因为这种分形的形态能够加强摩擦力，可利用较少的材料、较轻自身重量发挥最大的作用。

（二）海绵骨针形态的分析图

海绵骨针的形态特点在于球形对称[1]，有单轴和多轴的不同对称形式（图 22.2）；其表皮向外突起并成分叉形态，多数单体分叉 2~3 次（图 22.3）；分叉的远端有着球状端、尖状端、喇叭口状端之分（图 22.4）。这三个方面可以组合形成多种海绵骨针形态（图 22.5）。

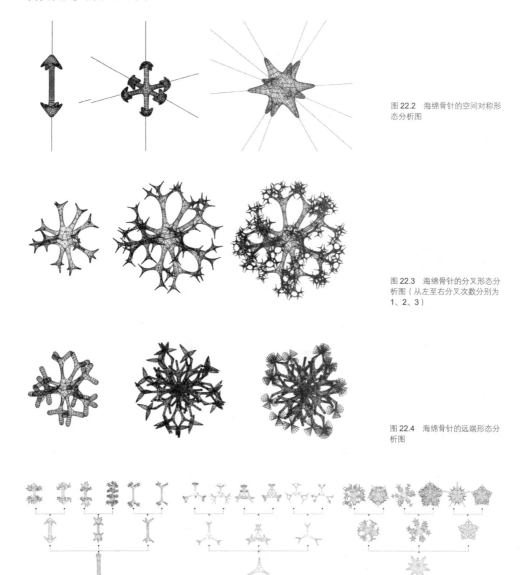

图 22.2　海绵骨针的空间对称形态分析图

图 22.3　海绵骨针的分叉形态分析图（从左至右分叉次数分别为 1、2、3）

图 22.4　海绵骨针的远端形态分析图

图 22.5　分析图之间的关系及其组合

1　不规则的海绵骨针形态可以通过空间对称的形态变形得到。

（三）海绵骨针形态的算法研究

基于海绵骨针形态的分析图，将空间对称形态、分叉形态、远端形态三者组合，可以总结出海绵骨针的形态算法框图如下。

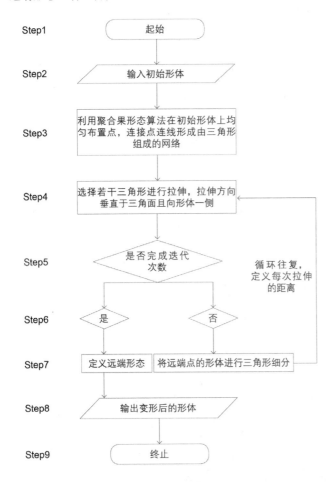

Step1　起始

Step2　输入初始形体

Step3　利用聚合果形态算法在初始形体上均匀布置点，连接点连线形成由三角形组成的网络

Step4　选择若干三角形进行拉伸，拉伸方向垂直于三角面且向形体一侧

Step5　是否完成迭代次数

循环往复，定义每次拉伸的距离

Step6　是　　否

Step7　定义远端形态　将远端点的形体进行三角形细分

Step8　输出变形后的形体

Step9　终止

图 22.6　算法程序框图 22——海绵骨针形态的算法框图

上述流程图中 Step2 中的形体应是最基本的形体（球体、圆环等），以此作为初始形体后生成的形体为球形对称（或其他类型对称）形体。此处也可以输入其他形体，以满足多样化生形的要求。

Step3 中所述的聚合果形态算法详见本书 17 章、Step7 中的三角形细分详见本书 14 章。

Step4 中如果随机选择三角面，则生成的形体呈现随机形态，如果全部选择或者有规律地进行选择，则呈现对称形态。

如果没完成迭代次数，则每一次的 Step7 均将最远端的形体或者面进行三角形细分，以满足下一次计算的要求，直到完成迭代次数，Step7 才最后定义远端形体的形态。

（四）海绵骨针形态的算法程序

由于该形态生成算法涉及了迭代，需要用到 Anemone，另外，此算法也涉及了点阵生成三角形网络（Step3），需要用到 Grasshopper 的插件 Kangaroo 和 Starling，此外还用到 Weavebird 等辅助插件。

第一步，输入基本的几何形体，并对形体进行空间对称的细分，此处用到了 Kangaroo，接下去选择进行迭代处理的细分面（图 22.7，最后一个运算器用到了 Starling[1]）。

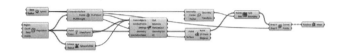

图 22.7 海绵骨针形态算法程序
的步骤一（基本程序）

第二步进行分叉操作，用 Anemore 进行迭代，选择需要下一步处理的分叉，并进行"生长"处理（图 22.8）。

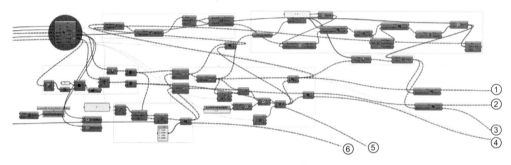

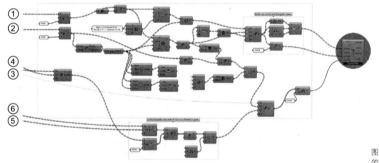

图 22.8 海绵骨针形态算法程序
的步骤二（基本程序）

第三步完成分叉操作，定义远端形式并对形体进行光滑处理，此处用到了 Weavebird（图 22.9）。

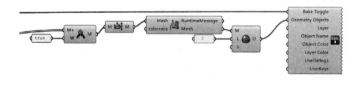

图 22.9 海绵骨针形态算法程序
的步骤三（基本程序）

1　Grasshopper 的插件。

（五）海绵骨针形态的原型模拟

由于单轴、三轴空间对称是多轴对称的特殊形态，本书此处只考虑生成多轴的海绵骨针形态（图22.10）。不规则的海绵骨针形态可以通过对空间对称的形态予以变形而得，把对称形式、分叉次数、远端形态都随机化（图22.11）。

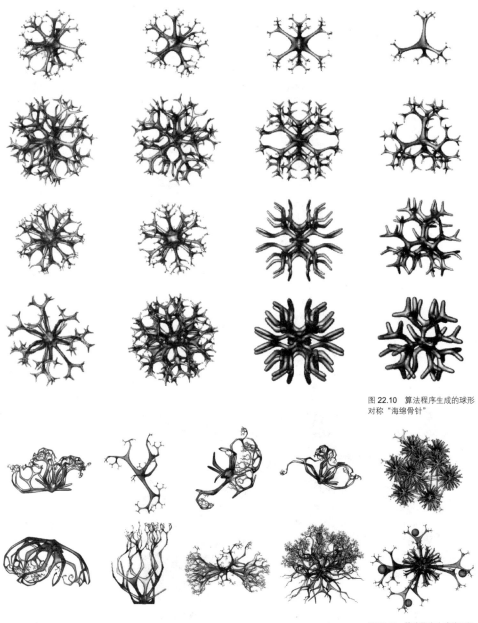

图22.10 算法程序生成的球形对称"海绵骨针"

图22.11 算法程序生成的不规则形态"海绵骨针"

（六）其他形体的生成

控制该算法生成的参数是初始形体、细分模式、拉伸面的选择、拉伸距离、迭代次数、远端形式、变形干扰（这个参数可以在球形对称形体的基础上再后续加设），因此只要改变某些参数即可产生其他形体。

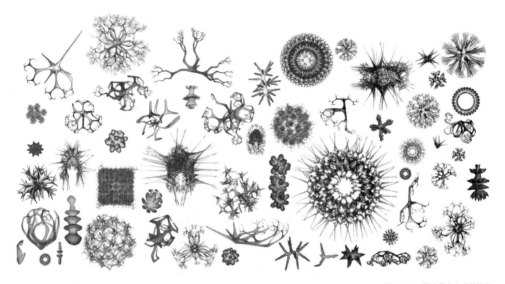

图 22.12　算法程序生成的其他"海绵骨针"形态

（七）设计形体的生成

在输入程序的初始形体为圆环形、控制程序其他参数的基础上可以生成亭子以及其他各种可利用的形体，可用于服装设计、室内摆设、灯具、靠枕等（图 22.13~图 22.15）。

图 22.13　建筑形体雏形模型

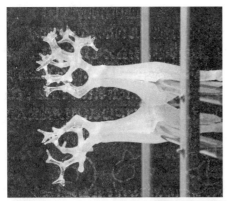

图 22.14　设计形体局部模型

图 22.15　吊灯、服装设计等

（八）海绵骨针形态算法特点

海绵骨针形态算法是基于空间对称和分形形态而发展出的算法，该算法生成的形体是以"体"见长，不只是线和面的组合，而且具有分形特征，可用于设计功能简单的建筑小品、工艺品、家具、服装、日用品的形体。

结合数字工具来说，使用此算法进行生形设计时需要控制每次"分叉"的枝数和长度，枝数太多或者长度太长有可能出现形体自交，不利于形态的完整性；另外还需要控制迭代的次数，如果迭代次数过多，则末端的形体会过细，产生奇异的形状。此外，当运算量较大时，生成的某些形体的 Mesh 曲面可能产生非闭合面，那就需要在 Grasshopper 中加设一步 Weld 命令才能使曲面闭合。

此算法未来拓展方向可研究发展生成系列"体量"的工具，即在简单闭合的形体的基础上生成分形状的形体；并可与其他算法如聚合果形态算法、自相似细分算法、随机函数算法结合使用，从而形成多样的形体生成工具。

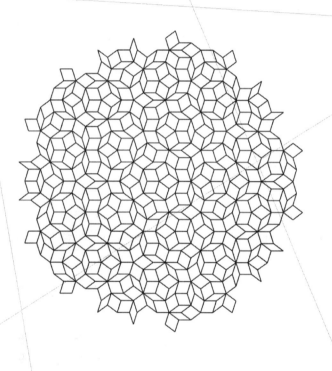

23

腔肠、棘皮动物形态的
算法程序及数字设计

（一）腔肠动物及棘皮动物的形态及特点

腔肠动物在动物进化的历史中具有重要的地位，它首先出现了两胚层，而且不同于原生动物的非对称或者球对称形态，腔肠动物的形态呈辐射对称，且有了简单的组织分化。

棘皮动物属于后口动物，只有口面和反口面的区分，没有分化出头、胸、腹。大多数棘皮动物的形态属于辐射对称——幼体时两侧对称、成体时五辅对称（也有其他数目的辐射对称）。

图23.1　腔肠动物（花水母和水母）形态

图23.2　棘皮动物（海星和海参）形态

腔肠动物及棘皮动物的形态具有相似性，它们的形态从平面上看，均具有辐射对称的特点，并以五辐对称形态者居多（从图23.2右下图可以看出海参有五条参筋，是五辐对称的标志）；其形态的辐射对称从平面上看是均质的分割平面、形状末端具有分形的特征。

（二）腔肠动物及棘皮动物形态的分析图

如上所述，这两种动物的形态特点均表现为"均质的分割平面"，我们可以将其形态抽象成平面辐射对称的镶嵌形式，即如何以有限类型的几何体多轴对称地无缝填充一个平面。本书在第6章中已经论述过空间对称的1、2、3、4、6次对称轴，即所谓的晶体的对称轴，那么5次甚至更多次的对称轴的准周期性镶嵌，即以有限种的内角不等、但边长相等的菱形所铺砌而成的平面镶嵌可如下图所示，图中从左至右依次为五次、七次、九次最基本的准周期镶嵌，其所用的菱形数量为2个、3个、4个。

如果研究这两种动物的另一个形态特点"形体末端具有分形的特征"，则它们的形态分析则与海绵骨针的形态类似。

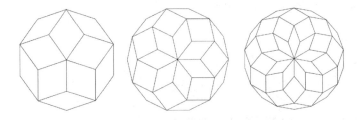

图 23.3　辐射对称动物形态抽象图

（三）腔肠动物及棘皮动物形态的算法研究

平面的镶嵌可以分为周期镶嵌和准周期镶嵌，周期镶嵌通过个体的平移就可以找到与自身一样的形体，而准周期镶嵌则要通过"平移"和"旋转"两种操作才能找到与自身一样的形体。因而可以说，周期镶嵌是准周期镶嵌的一个特例。

周期镶嵌的算法在晶体内部的结构和构造中已经阐述（见本书第6章）。而准周期镶嵌的形态可以借助准晶体结构内部镶嵌的规律予以阐释。

1984 年 12 月，以色列物理学家邓尼·谢茨曼（Daniel Shechtman）宣布在 Al-Mn 合金中发现了具有五次旋转对称的二十面体[1]，在当时的晶体学术界可谓一石激起千层浪。此后的研究也表明，在合金中确实存在着种类繁多的准晶体，"准周期性镶嵌"在现实的物理世界中也真实地存在着。图 23.4 中左一图是 Shechtman 文章[2]中的五次旋转对称性电子衍射斑；其余三个图片为利用数学变换所做出的典型的准晶体结构，从左至右依次为 5 次、9 次、12 次旋转对称。

1　旋转对称指某一图形绕某一点旋转 360°/n（n 为大于 1 的正整数）与初始的图形重合，五次旋转对称指该图形旋转 72°(n=5) 与初始图形重合。

2　参　见：Metallic Phase with Long-Range Orientational Order and No Translational Symmetry; Physical Review Letters, Vol. 53, Issue 20: 1951-1953; November 12, 1984.

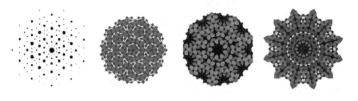

图 23.4　多次旋转对称图案

首先讨论最简单的正五边形，通过平移正五边形是无法无缝隙的"塞满"一个平面的，而必须有两种边长相等内角不等的菱形共同组合镶嵌而成，形成无缝隙的五次旋转对称图案。从数学角度上讲，这是二维空间的彭罗斯拼图（Penrose Tiling），它由两种菱形组成，其一内角为36°、144°的，其二内角为72°、108°的，这两种菱形能够无缝隙、无交叠地内衬排满二维平面。这种拼图无平移对称性、有长程有序性的结构体系，并且具有五次旋转对称性。如果将二维彭罗斯拼图予以拓展，则会形成更多种对称图案以及更多的由边长相等而角度不等的菱形，用它们"塞满"整个平面。

旋转对称单元如果是沿旋转对称轴自身镜像对称的，则整个形体就是辐射对称的，辐射对称是旋转对称的一个特例。

腔肠动物及棘皮动物的形态生成算法框图可如图23.6所示。

Step2：多边形详见图 23.5（a）图，本图以五边形为例进行说明；

Step3：以五边形的形心向多边形各个顶点连线，形成五个三角形的集合，见图 23.5（b）图。

Step4：把各个三角形沿着五边形的各个边镜像，得到五个菱形的集合，见图 23.5（c）图。

Step4 中生成的菱形所组成的多边形为凹多边形，内角不等，需要进一步在凹处做出三角形，见图 23.5（d）图。继续处理后得到第二种菱形，两种菱形组合而成凹多边形，内角相等，多边形的边数为 10，见图 23.5（e）图及（f）图。

Step7、8：在对称轴内做出可旋转或者镜像对称的镶嵌图案。

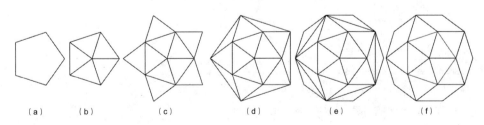

（a）　　　　（b）　　　　（c）　　　　（d）　　　　（e）　　　　（f）

图 23.5　算法框图解释图

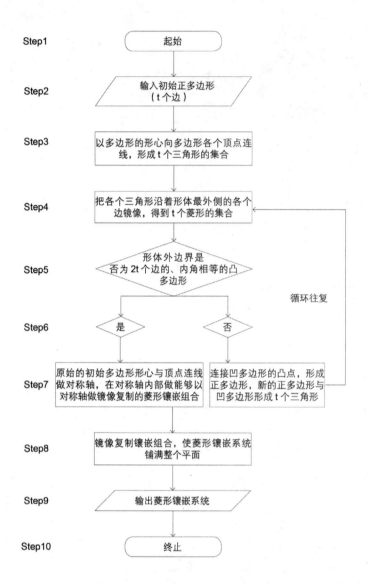

Step1	起始
Step2	输入初始正多边形（t 个边）
Step3	以多边形的形心向多边形各个顶点连线，形成 t 个三角形的集合
Step4	把各个三角形沿着形体最外侧的各个边镜像，得到 t 个菱形的集合
Step5	形体外边界是否为 2t 个边的、内角相等的凸多边形
Step6	是　　否
Step7	原始的初始多边形形心与顶点连线做对称轴，在对称轴内部做能够以对称轴做镜像复制的菱形镶嵌组合　　连接凹多边形的凸点，形成正多边形，新的正多边形与凹多边形形成 t 个三角形
Step8	镜像复制镶嵌组合，使菱形镶嵌系统铺满整个平面
Step9	输出菱形镶嵌系统
Step10	终止

循环往复

图 23.6　算法程序框图 23——腔肠动物及棘皮动物形态的算法框图

（四）腔肠动物及棘皮动物形态的算法程序

五次旋转对称平面镶嵌形式简单，可以用 L-System 予以实现。

上述的 Grasshopper 程序是基于 L-System 写成，源代码作者是 Rajaa Issa[1]，该代码是通过 6（81++91----71[-81----61]++）、7（+81--91[---61--71]+）、8（-61++71[+++81++91]-）、9（--81++++61[+91++++71]--71）四个字符串组成，其中 + 为正向旋转 36°、- 为反向旋转 36°、1 为添加首尾两点、[为添加一点、] 为减少一点，num 为迭代

1　参见：http://www.grasshopper3d.com/profiles/blogs/generative-algorithms。

次数（该程序完整源代码从略）。

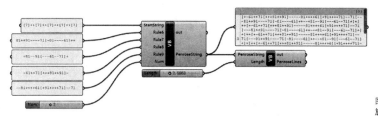

图 23.7　基于 L-System 的五次
旋转对称准周期平面镶嵌程序

（五）腔肠动物及棘皮动物形态的原型模拟

回到生物形态，棘皮动物的基本形态是五辐对称，腔肠动物的形体是辐射对称，将辐射对称抽象化，用准晶体形态的规则和彭罗斯镶嵌的理论对生物形体予以解释，就可以得到平面多次旋转对称镶嵌的算法，由此算法可以生成形体。

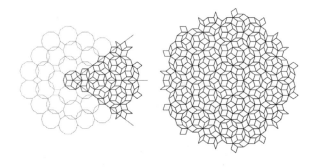

图 23.8　五次旋转对称准周期镶
嵌形体（所用的菱形数量为 2 个）

在此基础上可以进行更多的形体的准周期镶嵌。

其他多次旋转对称镶嵌形体的程序也可基于上述程序发展得到，然而由于多边形边数的增多，代码过于烦琐。这里提供一个简单的方法，首先形成基于初始正多边形沿着各个靠外侧边（与相邻多边形的边不相交、不重合并且没有包含在相邻多边形内的边）镜像之后形成多边形旋转对称系统，之后对这些对称旋转单元进行菱形填充，便会形成菱形镶嵌系统。

图 23.9 是五边形旋转对称系统和单元（只有一个单元）。

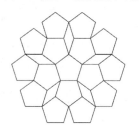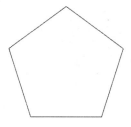

图 23.9　五边形旋转对称系统和
单元

图 23.10 是七边形旋转对称系统和单元（虚线多边形示意周边多边形与本体的关系，虚线与实线单元之间有重叠，实线单元共有三个不同形式的旋转对称单元）。

图 23.11 是九边形旋转对称系统和单元（同图 23.10，由于九边形单元之间有重叠，也共有三个不同形式的旋转对称单元）。

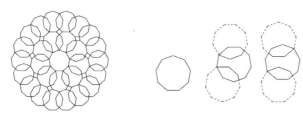

上面的旋转对称系统中的每一个单元都是基于上一次迭代而生成的多边形沿着各个靠外侧边（与相邻多边形的边不相交、不重合并且没有包含在相邻多边形内的边）镜像而生成的，七次和九次旋转对称系统中共形成三种不同形式的旋转对称单元。形成这些单元后，对这些对称旋转单元进行菱形填充，便会形成菱形镶嵌系统（图 23.12~ 图 23.14）。

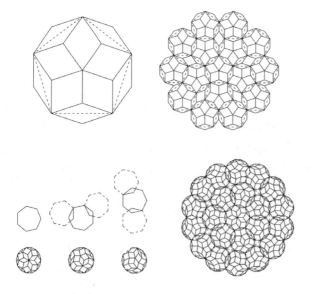

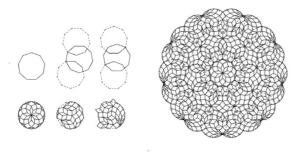

图 23.14 九边形旋转对称单元
的菱形填充及组合

（六）其他形体的生成

控制该算法生形的参数包括初始多边形，及菱形镶嵌单元
的变化，改变这两个参数可生成其他形体。

图 23.15 改变镶嵌单体形状而
得到的不同形体（五次旋转对称）

图 23.16 七次旋转对称图案以
及其穹顶形态（菱形系统变形为
椭圆形）

图 23.17 改变镶嵌单体形状而
得到的不同形体（九、六次旋转
对称）

此外，五次准周期镶嵌还有一个立体的形式——三十面体准周期镶嵌，即由一种菱形无缝堆砌整个三维空间。

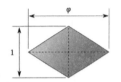

该三维对称准周期镶嵌的形式与正二十面体具有同源关系，即将上图中的中间形体的三十个菱形的长对角线提取出来后所形成的空间直线组合是正二十面体的三十个边。

（七）建筑形体的生成

本节以一个建筑的中庭加建为例。

首先对五次旋转对称准周期镶嵌的两种菱形进行变化，形成发生器（图 23.20）。之后在发生器的基础上生成屋顶（图23.21~ 图 23.23）。

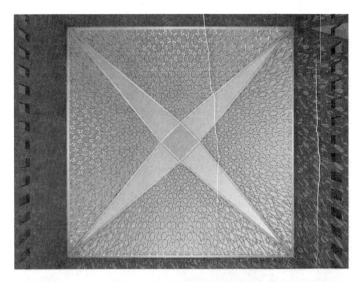

图 23.22　屋顶仰视图

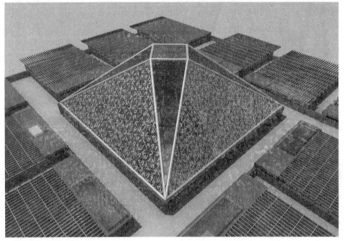

图 23.23　屋顶鸟瞰图

（八）腔肠动物及棘皮动物形态算法特点

　　腔肠动物及棘皮动物的形态算法是以旋转对称及二维菱形镶嵌为基础的平面细分算法，要解决的核心问题是如何将二维平面进行多次旋转对称的分割，并以菱形镶嵌其中；其生成的形体适合用在二维平面形体上，比如屋面划分、表皮划分、铺装划分等，该算法可拓展的空间较大，比如将基本菱形变成其他形体，则可以形成其他不同的图案。五次旋转对称的三维的形态，还可以作为家具、建筑小品等形体的生成算法。

　　此算法的未来拓展方向，可结合其他算法一起组成分割二维面的算法库，也可同晶体点阵排列形式和 Voronoi 算法结合，得到对空间和平面进行多次旋转对称分割的形体生成算法库。

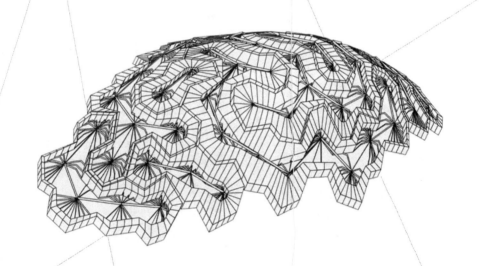

24

脑纹珊瑚形态的
算法程序及数字设计

（一）脑纹珊瑚的形态及特点

脑纹珊瑚也属于腔肠动物门类，其表皮形态类似脑纹（肋状体），是由珊瑚虫无性繁殖中触手环内出芽发育而成，它是一个自组织的过程。珊瑚体呈圆形或者表覆形，表面有不规则的柱状或结节状突起；珊瑚石联合成脑纹形，线路往往很长，宽约 5 毫米；纹之间的脊较厚，隔片突出。[1] 图 24.1 左图中"脑纹"上的纹路称为"肋状体"。

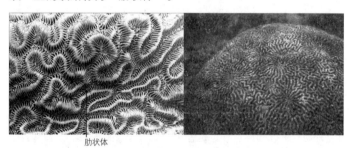

肋状体

图 24.1 脑纹珊瑚形态

（二）脑纹珊瑚形态的分析图

脑纹珊瑚的形态经历了一个自组织的形变过程。

首先，珊瑚虫聚集到一定数量时（图 24.2 左图），开始向周围伸出"触手"（图 24.2 右图）。

图 24.2 脑纹珊瑚 形态形成过程
之一

其次，相邻珊瑚虫的"触手"连接（图 24.3 左图），形成潜在的网络（图 24.3 右图）。

1 详见：百度百科"片脑纹珊瑚"词条。

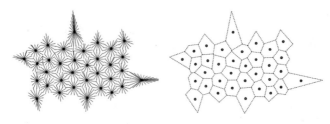

再次，在肋状体没有形成之前，部分不同的珊瑚虫"消除潜在的边界"，连成一体（图24.4）。

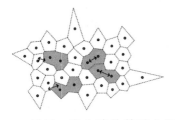
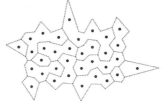

最后，在上述的基础上形成基本网络以及肋状体（图24.5）。

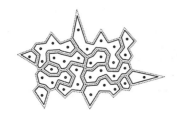

（三）脑纹珊瑚形态的算法研究

脑纹珊瑚的形态算法可通过改写迷宫算法（Maze Generation Algorithm）[1]而得到。迷宫算法基本形态是基于四边形的，无法生成"脑纹"卷曲的形态，因而要对其进行改写。下图为基于迷宫生成算法而改写的脑纹珊瑚的形态算法框图。

---

1 迷宫算法是假设一个矩阵 Maze，设置起点和终点，每一步的方向随机，一直从起点走到终点，保证在移动过程中不超出边界，路径不相交。如此遍历所有的点，每一步均记录已经被访问过的点、未被访问的点、准备要访问的点（存放在下一次的 Stack 中），如此反复，遍历所有的点，直到 Stack 是空集合。

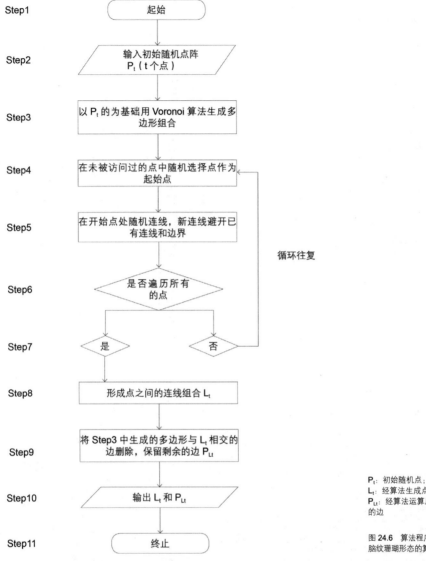

Step1 　起始

Step2 　输入初始随机点阵 P_t（t个点）

Step3 　以 P_t 的为基础用 Voronoi 算法生成多边形组合

Step4 　在未被访问过的点中随机选择点作为起始点

Step5 　在开始点处随机连线，新连线避开已有连线和边界

循环往复

Step6 　是否遍历所有的点

Step7 　是　　否

Step8 　形成点之间的连线组合 L_t

Step9 　将 Step3 中生成的多边形与 L_t 相交的边删除，保留剩余的边 P_{Lt}

Step10 　输出 L_t 和 P_{Lt}

Step11 　终止

P_t：初始随机点；
L_t：经算法生成点的连线；
P_{Lt}：经算法运算后剩余多边形的边

图 24.6　算法程序框图 23——脑纹珊瑚形态的算法框图

　　上述生形流程框图中，Step2 中的随机点阵是区别于迷宫算法中的矩形点阵，以此形成的"脑纹"更富随机性，更贴近生物形态。

　　Step3 中生成的多边形是 Step9 中生成的线形边界的基础，是生物形态"肋状体"生成之前的隐形边界。

　　Step4~8 借鉴了迷宫算法。

（四）脑纹珊瑚形态的算法程序

迷宫生成算法程序源代码的核心部分如下 [1]。

```
int counter = 0;
for (int x = 0; x < rows; x++){
 for (int y = 0; y < columns; y++){
  var s = ((Grid.Directions) (grid.Cells[x, y])).HasFlag(Grid.Directions.S) ? "S" : "-";
  if( s == "-" && x != (rows - 1) ){
   GH_Path pth = new GH_Path(counter);
   listExport.Add(edges.Branch(counter)[1]);    }
  var e = ((Grid.Directions) (grid.Cells[x, y])).HasFlag(Grid.Directions.E) ? "E" : "-";
  if( e == "-" && y != (rows - 1) ){
   GH_Path pth = new GH_Path(counter);
   listExport.Add(edges.Branch(counter)[2]);    }
  Print(" " + x.ToString() + "," + y.ToString() + " " + s + e);
  counter++;
  Print(counter.ToString());  }}
A = listExport;
```

对迷宫生成算法进行改写的程序如下 [2]。

```
int i = new int();
List<Cell> cellist = new List<Cell>();
for(i = 0;i < polycell.Count;i++){
 if(polycell[i] != null){
  Cell nowcl = new Cell();
  nowcl.frame = polycell[i];
  nowcl.center = pts[i];
  nowcl.index = i;
  nowcl.centerafter = polycell[i].CenterPoint();
  for(int j = 0;j < polycell[i].SegmentCount;j++){
   nowcl.edges.Add(polycell[i].SegmentAt(j));
  }
  cellist.Add(nowcl);
 }
}    // 建立一系列 cells。
for(i = 0;i < cellist.Count;i++){
 cellist[i].infomation = nearinfors(cellist[i], cellist, accuracy);
}    // 建立 cells 之间的关系。
for(i = 0;i < cellist.Count;i++){
 findedgeindex(cellist[i], cellist, accuracy);
}    // 建立 cells 周围边的参数。
for(i = 0;i < cellist.Count;i++){
 cellist[i].setcost();
}    // 建立边的集合
for(i = 0;i < cellist.Count;i++){
 cellist[i].lockcost(limit);
}    // 如果边长过短，则锁定边长的长度。
Cell startcell = new Cell();
startcell = findrandomcell(cellist);    // 随机选择开始的 cells。
List<Cell> newcellist = new List<Cell>();
newcellist = connectcell(startcell, cellist, time, mode);    // 开始在 cells 之间连线。
for(i = 0;i < cellist.Count;i++){
 if(cellist[i].groupnum == 0){
  groupcount += 1;
  cellist[i].groupnum = groupcount;
 }
}    // 判断是否有独立点。
DataTree<object> outputline = new DataTree<object>();
DataTree<object> outputpt = new DataTree<object>();
DataTree<object> outputcenterline = new DataTree<object>();
for(int m = 0;m < groupcount ;m++){
 GH_Path path = new GH_Path(m);
 int pathindex = new int();
 pathindex = 0;
 int pathindex2 = new int();
 pathindex2 = 0;
 for(i = 0;i < cellist.Count;i++){
```

1　源代码作者：Mac Gros，完整源代码从略。
2　此为脑纹珊瑚形态算法源代码核心部分，作者：瞿炳博、王捷。

```
      if(cellist[i].groupnum == m){
        for(int n = 0;n < cellist[i].infomation.Count;n++){
          bool judesit = new bool();
          judesit = true;
          for(int ju = 0;ju < cellist[i].edgetoremove.Count;ju++){
            if(n == cellist[i].edgetoremove[ju]){judesit = false;}
          }
          if(judesit){
            outputline.Insert(cellist[i].infomation[n].noboundaryedges, path, pathindex);
            outputpt.Insert(cellist[i].centerafter, path, pathindex);
            for(int aa = 0;aa < cellist[i].centerline.Count;aa++){
              outputcenterline.Insert(cellist[i].centerline[aa], path, pathindex2);
              pathindex2 += 1;
            }
            pathindex += 1;
          }
        }
      }
    }
  }   // 连接边。
  edges = outputline;      // 输出边的连线。
  centerpts = outputpt;    // 输出中心点。
  centerlines = outputcenterline;    // 输出边的连线。
```

脑纹珊瑚 cells 之间的触手连线部分用到了基于磁感线的成纤维细胞形态算法，详见本书 13 章。

以上述的代码为基础可以形成 Grasshoper 程序见图 24.7。

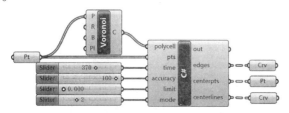

图 24.7　算法程序

（五）脑纹珊瑚形态的原型模拟

运行上述程序可得到脑纹珊瑚的形态原型如图 24.8 所示。

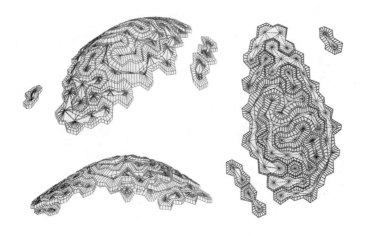

图 24.8　脑纹珊瑚形态模拟

（六）其他形体的生成

由程序的输入端可知，控制该程序生形的主要参数是初始
点阵的形式、时间、样式（即 Mode）；改变时间参数，会改
变选取起始点的不同，生成的形体也会不一样。

不同的样式（Mode）可以生成不同的形体，图 24.9 中
Mode1 是最接近生物形态的，点的连线分叉，边（肋状体）连
线连续又封闭；Mode2 是点的连线不分叉，边（肋状体）连线
连续又封闭；Mode3 是点的连线过长、分叉，边（肋状体）连
线被点的连线断开、封闭较少、连续性不强；Mode4 是点的连
线达到长度极限，边连线完全断开。

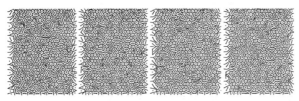

图 24.9　四种"Mode"生成四
种不同的形体

不同的初始点阵也可生成不同的形体。图 24.10 中形体是
在六边形点阵（左图）的基础上生成的形体（右图），同时采
用 Mode2。

图 24.10　脑纹珊瑚形态算法程
序生成的形体一

图 24.11 中形体是另一种六边形点阵（左图）作为初始点
阵形式生成的形体（右图），采用 Mode3。

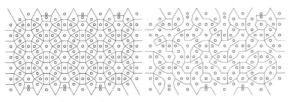

图 24.11　脑纹珊瑚形态算法程
序生成的形体二

图 24.12 中形体是在随机点阵的前提下生成的形体，左图
是 Mode1，右侧图是 Mode4。

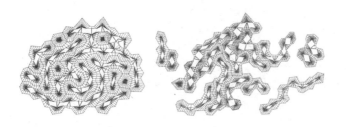

图 24.12　脑纹珊瑚形态算法程
序生成的形体三

（七）设计形体的生成

本节以一个景观公园的总平面规划及公园中的建筑单体设计为例来说明算法程序的运用。

关于公园的规划，首先对基地进行分析，并将基地边界设定为初始形体，利用脑纹珊瑚形态的算法程序进行规划结构生成，见图 24.13、图 24.14。

将生成的规划结构进行深化设计，可逐步形成总平面。

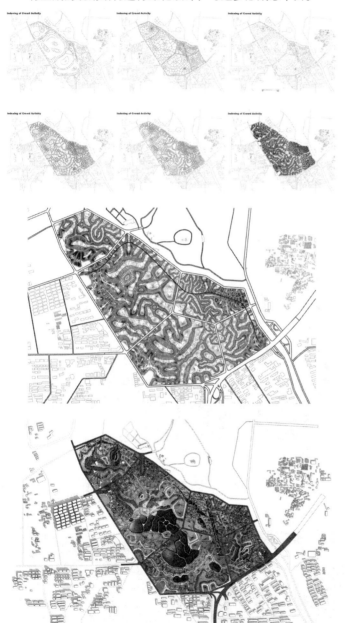

图 24.13　生形过程

图 24.14　生形结果

图 24.15　总平面

图 24.16　鸟瞰图

公园内的建筑单体的设计也用到了上述算法程序，首先生成两个互相"缠绕"的基本形体，并根据功能要求，对形体剖面及细部进行设计，逐步发展成如图 24.17~ 图 24.19 的设计结果。

图 24.17　生形过程

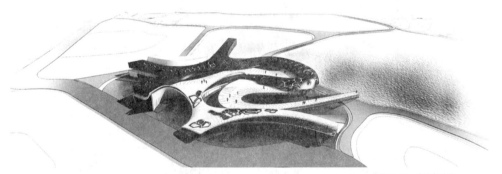

图 24.18　建筑鸟瞰图

图 24.19　建筑透视图

（八）脑纹珊瑚形态算法特点

脑纹珊瑚形态算法是迷宫生成算法及 Voronoi 算法的结合，是以点阵形成多边形的算法，生成的形体可以用作二维平面的形体。

此算法程序生成的形体是多边形或者是曲线形的组合，是初步的建筑形体，需要后续结合使用要求进行发展，才能转化为建筑形体。

此算法未来拓展的方向有两个，其一可与 Voronoi 算法、DLA 算法、反应扩散方程等进行结合，组成生成"条纹"形状的算法生形库；其二该算法可对平面进行无序化切割，因此可归入对二维平面进行细分的算法中。

25

螺状贝壳形态的
算法程序及数字设计

（一）螺状贝壳的形态及特点

贝壳是软体动物的外壳，起到保护软体动物的作用，它是该软体动物外部形象的标志。

软体动物门类中，不同纲的动物贝壳数目及外部形态差别很大。无板纲动物无贝壳；腹足纲、单板纲、掘足纲动物只有一片贝壳；瓣鳃纲动物有两片贝壳；多板纲动物有 8 片贝壳。这里重点讨论腹足纲动物的贝壳，该动物的贝壳只有一片，呈螺旋状，从平面上看呈螺旋线的形式。

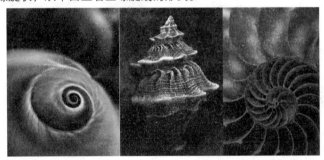

图 25.1　螺状贝壳形态

（二）螺状贝壳形态的分析图

螺状贝壳形体其实暗藏着一个轴线，这一轴线是对数螺旋线；螺旋线张开的角度是固定的，但不同种类的动物具有不同的张开角度；某种形状的截面沿螺旋线旋转就形成贝壳的形态。

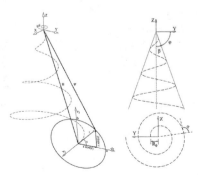

θ：螺旋线生长的长度；
β：螺旋线张开角度；
α：螺旋线生长速度；
R_0：初始螺距；
R_s：截面半径

图 25.2　螺状贝壳形态分析图

（三）螺状贝壳形态的算法研究

将上述螺状贝壳的形态特点按规律写成生形算法可见如下框图。

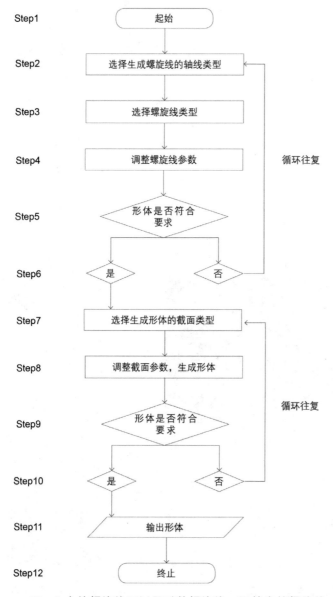

Step1　起始

Step2　选择生成螺旋线的轴线类型

Step3　选择螺旋线类型

Step4　调整螺旋线参数

Step5　形体是否符合要求

Step6　是　否

循环往复

Step7　选择生成形体的截面类型

Step8　调整截面参数，生成形体

Step9　形体是否符合要求

Step10　是　否

循环往复

Step11　输出形体

Step12　终止

图 25.3　算法程序框图 25——螺状贝壳形态的算法框图

Step3 中的螺旋线可以是对数螺旋线、阿基米德螺旋线、双曲螺旋线、费马螺旋线。

Step4 中螺旋线的参数是 θ、α、β、R_0。

Step7 中形成曲面的截面类型受 R_s 控制。

Step8 生成截面后由截面生成曲面的方法有放样、编织、极小曲面等。

放样 编织 极小曲面 图 25.4 由线成面的方式

（四）螺状贝壳形态的算法程序

生成螺旋线可以用 Grasshoper 内置的 Python 语言实现。
生成对数螺旋线的 Python 源代码如下。

```
import rhinoscriptsyntax as rs
import math as ma
import Grasshopper as gh    # 导入程序包。
curve_object=c
sample=s
pi=ma.pi
al=alpha1*pi
be=beta1*pi    # 定义了生形参数。
def coorxy(theta,alpha,beta,r):
    import math as ma
    x=r*ma.sin(beta)*ma.cos(theta)*(ma.e**(theta/ma.tan(alpha)))
    y=r*ma.sin(beta)*ma.sin(theta)*(ma.e**(theta/ma.tan(alpha)))
    return (x,y)    # 对数螺旋线基本方程。
crvdomain=rs.CurveDomain(curve_object)
sections=[]
t_step=(crvdomain[1]-crvdomain[0])/sample
t=crvdomain[0]
a_step=20*pi/sample
a=0
for t in rs.frange(crvdomain[0],crvdomain[1],t_step):
    a=a+a_step
    curvecurvature=rs.CurveCurvature(curve_object,t)
    sectionplane=None
    curvept= curvecurvature [0]
    curvetangent= curvecurvature[1]
    curveperp=(0,0,1)
    curvenormal=rs.VectorCrossProduct(curveperp,curvetangent)
    sectionplane=rs.PlaneFromFrame(curvept,curveperp,curvenormal)
    if sectionplane:
        coor=coorxy(a,al,be,r)
        x=coor[0]
        y=coor[1]
        x1=rs.VectorUnitize(curveperp)
        y1=rs.VectorUnitize(curvenormal)
        pt=rs.VectorAdd(x*x1,y*y1)
        secptvec=pt+curvept
        secpt=rs.AddPoint(secptvec)
        sections.append(secpt)
curve=rs.AddInterpCurve(sections)    # 形成对数螺旋线。
```

其余螺旋线均可在此源代码的基础上生成，方程分别为：

x=r*(1+theta)*ma.cos(theta)；y=r*(1+theta)*ma.sin(theta)（阿基米德螺旋线）
x=r*ma.cos(theta)/theta；y=r*ma.sin(theta)/theta（双曲螺旋线）
sqtheta=ma.sqrt(theta)；
x=r*ma.cos(theta)*sqtheta；y=r*ma.sin(theta)*sqtheta（费马螺旋线）

（五）螺状贝壳形态的原型模拟

在上述控制螺旋线的基本程序的基础上可以生成与贝壳形态相似的形体，α=20*pi/sample*time；β=arctan(sectionplane[t].radius /t)；R_0=sectionplane[0].radius；R_s= sectionplane[t].radius。

图 25.5　不同参数组合生成的贝壳原型

（六）其他形体的生成

控制该算法生形的参数包括螺旋线轴线的形式、螺旋线生成的方程、截面的形状、截面成面的方法。如果用一个坐标系来表示不同参数生成的多样螺状贝壳形态的话，x 轴坐标定义为不同的螺旋线类型，y 轴坐标定义为不同的轴线形式，z 轴坐标定义为不同的截面，由此可得到如下图所展示的不同的螺状贝壳形体（图 25.6~ 图 25.8）。

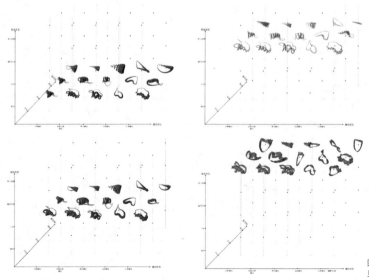

图 25.6　不同参数生成的螺状贝壳形体

（七）建筑形体的生成

本节以一个螺亭的设计为例来看螺状贝壳形态算法程序的运用。首先生成多次旋转对称螺旋线，该螺旋线也辐射对称，即在生形的基本程序中加入了三角函数，形成多次旋转对称的形式；接着，以方形截面沿螺旋线运动，可得到设计方案的雏形，深入发展设计雏形便可得到如下设计，见图 25.9。

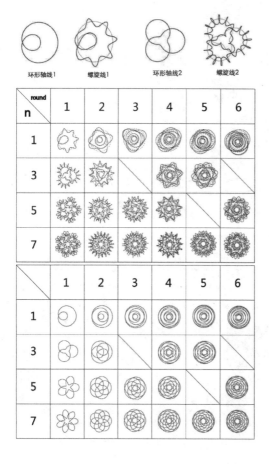

图 25.7　多次旋转对称螺旋线

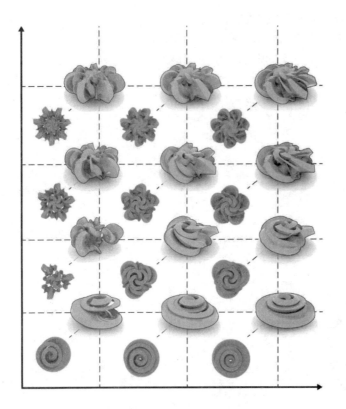

图 25.8　形体生成

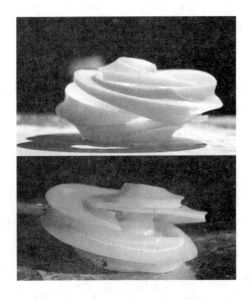

图 25.9　基于多次旋转对称螺旋线和方形截面的生形案例以及3D 打印模型

图 25.10 　建筑形体平面图

（八）螺状贝壳形态算法特点

螺状贝壳形态算法是利用螺旋线和截面生成空间复杂形体的算法，与第 1 章中以基本螺旋线形成复杂空间形体的算法不同，该算法引入了多种数学螺旋线、多次旋转对称螺旋线和截面的形式。

此算法生成的形体呈现空间旋转的形式，它们是形态各异的"管状"空间，适合于单一的、线性的功能排列的建筑形体，比如展览空间、有高差设计的空间以及建筑小品等。

该算法生成的形体如果出现自交，可以利用 Rhinoceros 软件中的 SolidUnion 命令将外部的面提取出来，也可以在后续深化设计中，选择需要删除的面，以保证建筑的功能使用要求。

此算法可以和第 1 章中以基本螺旋线为基础的空间复杂形体生成算法组合，汇总形成一个可以生成各种螺旋、折叠、旋转形体的算法库。

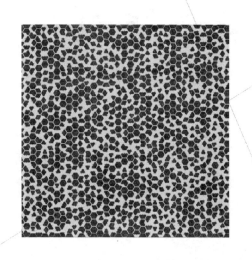

261

环节动物形态的
算法程序及数字设计

（一）环节动物的形态及特点

扁形动物门类的动物最早出现两侧对称，并开始出现了头部；原腔动物门类动物在扁形动物的基础上形成了假体腔；而环节动物门类动物出现了三胚层、两侧对称、具有真体腔、身体分节、并出现原始附肢、神经系统向头部集中等进化，它在生物进化史上具有重要的意义。

环节动物具备了高等动物的原始形态，以人为例，其形态两侧对称、有体腔、有分节（脊柱是由分节形态而进化来的）、有四肢（四肢是由原始附肢进化来的）、神经系统高度集中（在头部和脊柱），这些特征都可以在环节动物身上找到雏形。

环节动物分节的特点表现为分节形态接近，或分节渐变，这可称作同律分节；同律分节的进一步进化就形成异律分节（节肢动物门动物最早出现），异律分节使动物进化出胸腔、腹腔等，其功能分区更加明确。环节动物的形态特点总结为有头尾、前后之分，身体分节，节与节之间形态渐变（同律分节）。

图26.1 环节动物——沙蚕和巧言虫

（二）环节动物形态的分析图

根据环节动物的形态特点，其同律分节的形态图形可由两种方式获得。

其一，如图26.2所示，先规定每相邻的两点形状改变的法则，如此形成"生成器"，到点阵的端点处形体无法预知。如果规定起点形体是 0，每步改变的值是 0.1，则到端点处的形体则取决于点阵中点的数量。

图 26.2 环节动物同律分节形态
一维图解一

其二，如图 26.3 所示，先规定首尾两点的同拓扑形体，如此形成中间的部分，如果规定起点为 0，终点是 1，则中间部分在 0 和 1 中间取值。

图 26.3 环节动物同律分节形态
一维图解二

同理，环节动物同律分节形态还有二维和三维的图解之分。图 26.4 所示环节动物同律分节形态二维图解，左图示意以左下角起始点开始，向两个方向进行变形，最终右上角的形态不可预知；右图示意先规定左下角起始形态和右上角终点形态，求出中间的形体。

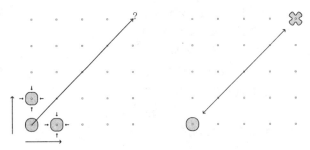

图 26.4　环节动物同律分节形态
二维图解

图 26.5 所示环节动物同律分节形态三维图解，左图示意从起始点开始向三个方向变形，最终形体无法预知；右图示意规定首尾形体，求出中间形体。

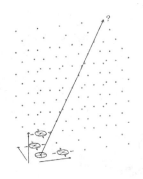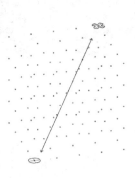

图 26.5 环节动物同律分节形态
三维图解

（三）环节动物形态的算法研究

要实现环节动物形态的同律分节，可在拓扑形态一致的情况下进行渐变组合，由此可以得出同律渐变算法框图，如图26.6所示。

算法一

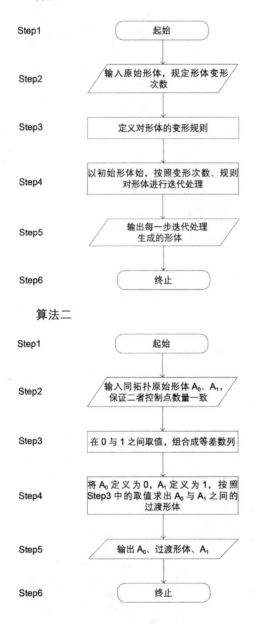

Step1　起始

Step2　输入原始形体，规定形体变形次数

Step3　定义对形体的变形规则

Step4　以初始形体始，按照变形次数、规则对形体进行迭代处理

Step5　输出每一步迭代处理生成的形体

Step6　终止

算法二

Step1　起始

Step2　输入同拓扑原始形体 A_0、A_1，保证二者控制点数量一致

Step3　在 0 与 1 之间取值，组合成等差数列

Step4　将 A_0 定义为 0，A_1 定义为 1，按照 Step3 中的取值求出 A_0 与 A_1 之间的过渡形体

Step5　输出 A_0、过渡形体、A_1

Step6　终止

A_0、A_1：控制点数量一致的两个初始形体

图 26.6　算法程序框图 26——环节动物形态的算法框图

291

算法一是规定了每一步的渐变规则及总的渐变步数，从输入起始形体时并不知道终止形体。

算法二是规定了两端的形体，取其中间的形体，因此 A_0 和 A_1 必须拓扑关系和控制点数量一致才能存在中间的形体。

（四）环节动物形态的算法程序

要用环节动物的形态算法进行形态生成，需要借助 Panelingtools[1]。

采用算法一，首先利用 Panelingtools 建立一系列点阵，并在点阵上画出 Mesh 曲面形体（图 26.7）。

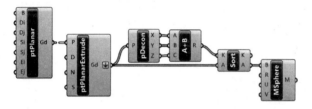

图 26.7　算法一程序之一

之后规定每一步改变的值以及需要改变的形体控制点（图 26.8）。

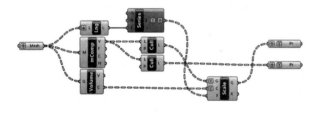

图 26.8　算法一程序之二

最后将改变的控制点重新还原成 Mesh 曲面（图 26.9）。

图 26.9　算法一程序之三

将上述三部分连起来，可以得到完整程序。

1　Grasshopper 的插件，能利用点阵对形体进行变形。下文只论述算法数字工具实现的最基本部分，是三维的空间点阵及其形态生成，一维和二维的数字工具在基础上简化即可。

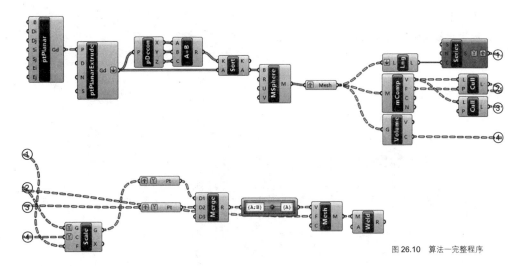

图 26.10　算法一完整程序

采用算法二，则是在 0~1 之间均分数值，规定首尾形体，求出中间形体。

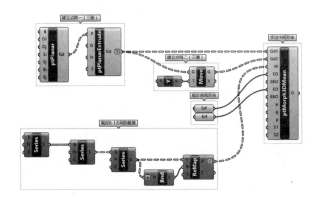

图 26.11　算法二完整程序

（五）环节动物形态的原型模拟

使用上述数字工具可以模拟环节动物的形体。图 26.12 中左侧图为单元原型，中间图是程序生成的形体，把这个形体变形后即可得到具有同律渐变规律的类似环节动物的形体。

图 26.12　环节动物的形体模拟

（六）其他形体的生成

控制该算法生形的参数包括形体每步变换的规则（算法一）、点阵的形式、点阵中每个点赋予的 0~1 之间的值（算法二）、点阵中点的排列顺序、初始形体和终止形体（算法二）等。其中点阵的顺序排列决定着生成形体渐变的方向，如从中心向外渐变、受直线影响渐变等。

图 26.13 是算法二生成的形体，单体在三维空间上变换。

图 26.13　算法二生成的形体

图 26.14 是算法一生成的形体，可以看出每一步微小变化积累影响最终结果。

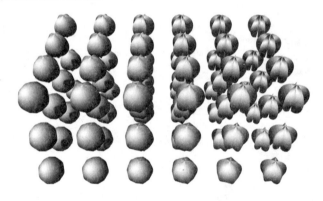

图 26.14　算法一生成的形体

图 26.15 是算法一生成的类似于编织的渐变形体。

图 26.15　算法一生成的形体

（七）建筑形体的生成

本节以一个建筑立面设计为例介绍这一算法程序的运用。
用算法一生成形体，见图 26.16，这个形体的生成是将算法一
中 Step3 中的变形极端化，将渐变改为突变，变形的次数只有
一次，即随机选择六边形的若干角点后一次性的向内拉伸到中
心点，由此生成二维图案，再将此图案"包裹"到建筑立面上，
形成有特色的建筑立面效果（图 26.17、图 26.18）。

图 26.16　表皮展开图

图 26.17　表皮效果图

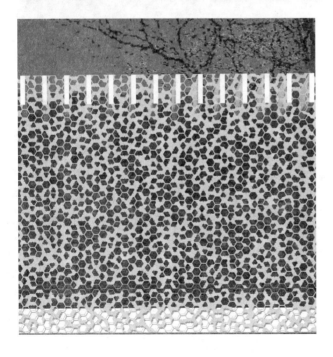

图 26.18　表皮效果图

（八）环节动物形态算法特点

同律渐变算法要解决的核心问题在于如何将拓扑一致的形体加以变换，使微调逐步积累，各个微调的形体汇总而形成具有同律渐变规律的形体组合。

此算法可以应用在有渐变要求的形体设计上，二维的立面、屋面、铺装设计，三维的空间设计等均可以采用。利用此算法时要注意渐变形体的拓扑一致性和控制点数的一致性，否则无法进行算法生成设计。

此算法未来的拓展方向可在复杂形体的生成方法方面，比如通过简单形体的逐步"改变"而生成最终的复杂形体。在此方面算法一更具发展潜力，即通过对简单形体的多次"微调"后得到未知的复杂形体（图 26.14），这种利用算法多次积累的过程是为了生成多样的形体。此外，这种"微调"可以加入"加速度"，即"微调"的幅度随着时间的推移而变化，以致影响"位移"的积分过程，从而使生成的形体更多样化。

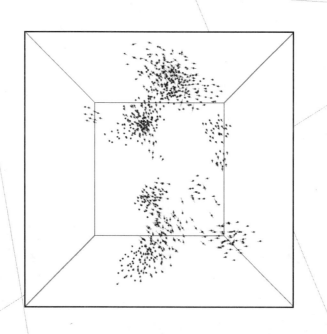

27

单 种 群 生 物 个 体 分 布
形 态 的 算 法 程 序
及 数 字 设 计

种群指自然界中在一定空间内同种生物个体的集合，同一种群内的个体间不存在生殖隔阂、能进行自由授粉或交配、繁殖，可以进行遗传物质的交流。例如，同一个池塘中草鱼、同一个野生稻自然保护区的普通野生稻、同一块田种植的农家玉米品种的植株都是种群。种群由多个体组成，同一种群的个体不是简单的叠加，而是存在有特殊的关联，从而使种群呈现出新的结构与特性。[1]

　　（一）单种群生物个体分布的形态及特点

　　本节讨论单一种群内，生物个体数量的变化以及生物个体在空间上是如何分布的，这两者均随着时间的推移而发生动态的变化。生物个体数量的变化规律一般以季节或年为计算单位来统计，而种群个体在空间上的分布形态则是瞬息多变，尤其是动物种群，如鸟群或鱼群，每一秒的形态均不相同。

　　生物个体数量的变化是种群内源因素和外源因素共同调节而形成的结果。内源因素包括行为（领域行为、社会等级等）、内分泌（种群个体数量过高时，个体内分泌失调，抑制个体生殖）、遗传（不同的遗传、繁殖类型导致种群数量的不同）等；外源因素包括生物因素（种群之间的捕食、竞争、寄生等）、非生物因素（气候、污染等）。种群个体数量的变化包括增长、平衡、波动、衰亡、爆发、崩溃等。

　　生物学家已经对种群个体数量的增长进行了科学研究，并提出了几何增长（"J"形增长）[2]和逻辑斯蒂增长（Logistic

<hr />

1　参见：王元秀.普通生物学[M].北京：化学工业出版社.2010: 331.
2　几何增长为在空间和资源无限、正常的出生率和死亡率、正常性别比例、无迁入和外迁的条件下种群的个体数量增长方式，其种群内部个体数量在平面直角坐标系中呈现"J"形（X 轴为时间，Y 轴为种群内部个体数量）。方程为：$dN/dt = r \cdot N$，积分后方程为：$N = N_0 e^{rt}$。其中 N 为种群内部个体数量，t 为时刻，r 为内禀增长率，N_0 为种群个体初始数量。dN/dt 为种群在 t 时刻的变化率，与种群当时的密度和内禀增长率 r 有关（内禀增长率是指在完全排出了其他不利条件时的最大增长率）。

Population Growth、"S"形增长）[1]两种最基本的增长模式。但这两种增长方式均是理想状况下的模式，生物种群的环境复杂多变，其实，常见的种群个体数量的增长方式介于上述两者之间。

当种群内的个体数量增长到一定数量时，便开始出现平衡状态和波动变化，也就是说，种群的生存环境变化较小，生态系统相对稳定时，种群个体的数量在一段时间内维持在同一数量等级上；而种群个体的数量又在环境容纳的范围内波动，包括不规则波动和周期性波动。

当种群个体的数量达到个体之间可以相互影响时，种群内部个体在空间上的分布以及随时间其分布形态的变化具有规律性。生物学家认为，种群内部个体的空间分布具有集群型分布、随机型分布、均匀型分布三种类型。

集群型分布是自然界种群内部个体分布最常见的状态。种群分布空间常常受到一些因素的干扰（比如种群物种本身繁殖特点是点状的、其他物种对本物种的竞争、生境本身存在不适应物种分布的区域）而呈现出"小聚居"的集群状态。人类早期的史前文明中人群生活的形态便是集群聚集的形态。

随机型分布形态是个体之间完全独立，个体分布的位置与其他个体和周围环境无关联。造成这种现象的原因除个体本身的因素外，还与生境的均一性、生境对个体作用的一致性、其他物种的竞争性相对缓和有关。

均匀型分布状态是个体之间保持着一定的距离，其原因与生境一致性和种内竞争有关，竞争的结果使种内个体占据的空间范围接近相等。均匀型分布在自然界中比较少见，往往出现在人造环境中，比如农田中的植物种群个体分布，为了获得最大的利益，更好地利用土地资源，农田作物之间的距离被压缩到了最小。

图 27.1　鱼群的集群型分布、野花的随机型分布、稻田的均匀型分布

1　在只考虑到空间和资源有限、正常的出生率和死亡率、正常性别比例、无迁入和外迁的条件下，种群内部个体数量的增长方式是逻辑斯蒂增长，其种群内部个体数量在平面直角坐标系中呈现"S"形（X 轴为时间，Y 轴为种群内部个体数量）。方程为：$dN/dt=r \cdot N \cdot (1 - N/K)$，积分后方程为：$N=K/(1+e^{a-rt})$。

（二）单种群生物个体分布形态的分析图

图 27.2 中左图为种群内个体数量较少时，个体间间距较大，无相互作用，呈随机分布的状态；当个体数量增加，个体间出现相互作用的"力"，这时"吸引力"是主导力，种群形态呈现集群型（中间图）；当个体继续增加，个体间间距较小时，个体之间的"排斥力"为主要的个体间作用力，个体之间保持均匀的距离，种群呈均匀分布形态。

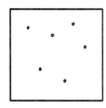  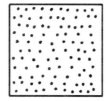

图 27.2　单种群生物个体分布形态分析图

（三）单种群生物个体分布形态的算法研究

按照上述单种群生物个体分布形态的特点，Boids 算法 [1] 可以描述这一形态分布关系。当种群内的生物个体数量达到一定值的时候，Boids 算法通过三个简单的规则就能模拟出复杂的集群形态，即分离（Separation）：单体间保持一定距离的趋势，避免单体自身与周围的单体相交；对齐（Alignment）：单体自身沿着周围其他个体的平均前进方向而前进的趋势，保证集群运动的整体方向性；聚集（Cohesion）：单体之间向一起靠拢的趋势。这三个规则同时存在于生物个体的行为中，然而它们对集群形态的作用程度并不等同，而当聚集的作用程度最大、对齐次之、分离最小的情况下才能模拟出"自然"的集群形态。

将这三个规则的作用大小改变或忽略某个规则的作用时，就会模拟出种群个体随机分布和均匀分布的形态。

这一算法用于形态生成的流程框图可表示如下。

1　Boids 算法由克雷格·雷诺兹（Craig Reynolds）于 1986 年提出，用以模拟鸟群的群体行为。

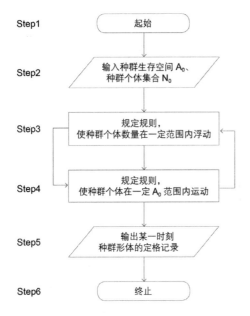

Step1	起始
Step2	输入种群生存空间 A_0、种群个体集合 N_0
Step3	规定规则，使种群个体数量在一定范围内浮动
Step4	规定规则，使种群个体在一定 A_0 范围内运动
Step5	输出某一时刻种群形体的定格记录
Step6	终止

A_0：种群生存空间；
N_0：种群个体集合

图 27.3 算法程序框图 27——单种群生物个体分布形态的算法框图

如上图，Step2 的初始种群在没有加 Step3 中的条件时，其种群个体数量不变，运动的起始速度、最大速度（需要控制最大速度）、加速度等均是随机的，个体在生存空间 A_0 内活动。

Step3 处理框模拟的是种群内个体数量变化的状态，即由生物的繁殖行为、攻击行为、防御行为等产生的种群内部个体数量的变化。规定的规则是每个个体产生新个体的概率以及个体的寿命，即"出生率"和"死亡率"，在此基础上继续规定每个个体对周围个体的影响，如果个体过于临近，则随机"吃掉"其中一个个体，以模拟攻击、防御和竞争的行为，使种群个体的个数在一定的范围内浮动。

Step4 处理框模拟的种群内部个体之间互相影响而形成的种群形态，也可以解释为生物种群内部通过通讯行为和定向行为而涌现出来的种群形态。该步骤是对个体的运动加以限制条件，如与周围个体保持一定的距离、保持一定的前进方向、绕开障碍物、沿着某些轨迹前进等，但要保证所有的个体均在生存空间 A_0 中运动。

因种群形态处于时时刻刻的变化之中，Step5 中种群形态的输出是某一时刻的定格记录。种群形态的定格记录输出有可能呈现出集群、随机、均匀三种形式，也有可能出现混合的形式。

（四）单种群生物个体分布形态的算法程序

如果考虑种群内部的个体数量在一定时间内是不变的，比如飞行的鸟群和群游的鱼群，并且将生物的个体行为抽象为简单的三规则时，Boids算法可以在Processing软件[1]中进行编程。Processing是动态模拟软件，其长处就是能够模拟动态的形态，它有很多外置类包库可用以实现粒子的模拟，为Boids算法的生形提供了方便，其程序如下。

```
import plethora.core.*;
import toxi.geom.*;
import peasy.*;   // 引用了三个外置类包库。
ArrayList <Ple_Agent> boids;   // 利用类包库建立 boids 列表。
PeasyCam cam;   // 利用类包库建立可用鼠标操作的相机。
float X = 600;
float Y = 600;
float Z = 600;   // boids 活动的空间（X、Y、Z）范围。
int population = 800;   // boids 的个体数量。
void setup() {
  size(X, Y, OPENGL);   // boids 活动的空间（X、Y、Z）范围。
  smooth();   // 光滑像素显示。
  cam = new PeasyCam(this, 850);   // 利用类包库建立可用鼠标操作的相机。
  boids = new ArrayList <Ple_Agent>();   // 利用类包库建立 boids 列表。
  for (int i = 0; i < population; i++) {
    Vec3D v = new Vec3D (random(-X/2, X/2), random(-Y/2, Y/2), random(-Z/2, Z/2));
// 利用类包库建立初始 boids 个体生成的点。
    Ple_Agent pa = new Ple_Agent(this, v);   // 利用类包库建立 boids 个体。
    Vec3D initialVelocity = new Vec3D (random(-1, 1), random(-1, 1), random(-1, 1));
// 利用类包库建立 boids 个体的初始随机运行速度。
    pa.setVelocity(initialVelocity);
    pa.initTail(5);   // 利用类包库建立 boids 个体的"尾巴"，以示运动方向。
    boids.add(pa); }}   // 利用类包库将建立 boids 个体加入列表。
void draw() {
  background(235);
  buildBox(X, Y, Z);   // 建立三维空间。
  for (Ple_Agent pa : boids) {
    pa.flock(boids, 90, 50, 30, 1, 1, 1.5);   // 利用类包库初始化三种"力"，六个参数
分别为聚集"力"、对齐"力"、分离"力"、聚集"力"的缩放、对齐"力"的缩放、分离"力"
的缩放。由此数字可知，聚集"力"=90*1=90，对齐"力"=50*1=50，分离"力"=30*1.5=45。
满足前文所述的三种"力"的大小关系。
    pa.bounceSpace(X/2, Y/2, Z/2);   // 利用类包库将建立 boids 个体活动空间，"撞到"
边界会反弹回来。
    pa.updateTail(1);
    pa.displayTailPoints(0, 0, 0, 0, 1, 0, 0, 0, 255, 1);   // 利用类包库建立 boids 个体的
"尾巴"，以示运动方向。
    pa.setMaxspeed(3);   // 利用类包库限制 boids 个体的运动速度。
    pa.setMaxforce(0.05);   // 利用类包库限制 boids 个体之间的最大作用力。
    pa.update();
    strokeWeight(3);
    stroke(0);
    pa.displayPoint();
    strokeWeight(1);
    stroke(100, 90);
    pa.displayDir(pa.vel.magnitude()*3); }}
void buildBox(float x, float y, float z) {
  noFill();
  strokeWeight(1);
  box(x, y, z); }   // 画出活动空间范围。
```

Boids算法是对生物形态的抽象，三种规则实际上是简化了的生物行为，生物行为除了这三个规则外还存在着很多其他的规则，比如：到达，即个体会朝着某一个点行进，接近时减慢

1　Processing 是美国麻省理工学院媒体实验室 (M.I.T. Media Laboratory) 下面的美学与运算小组 (Aesthetics & Computation Group) 的里斯（Casey Reas）与弗莱（Ben Fry）编写的能够提供开源编程语言和环境、动画和互动的软件。

速度直到到达后停止；避障，即个体会对障碍物或有危险的地方提前预警，改变自身运动状态以远离或绕开障碍物；朝向，即个体会朝着某一点（比如食物）加速前进；游走，即个体会随机改变自身运动状态；竞争等。因此笔者对 Boids 算法进行拓展，加入了其他规则，以生成与种群形态相关的形体、其他形体和建筑形体。因此如果规定的条件限于 Boids 算法中限定的三个条件，则此算法为 Boids 算法，否则为 Boids 拓展算法。

在上面的代码中，Processing 模拟的个体没有对边界的躲避规则，个体碰到了边界便反弹回来，如此并不能真实的模拟生物种群的形态，故需要加入其他的规则。这里为了更好地加入其他规则，改用另一个软件 Quelea[1]，它有关于个体寿命的设定，能够模拟种群内部个体数量的变化，还有关于种群生存环境的设定，能在不同形体中模拟种群个体的生存情况。

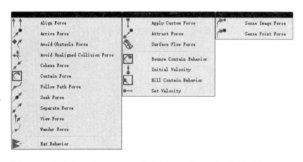

图 27.4　Quelea 中提供的不同的"力"（规则）

图 27.5 中左图是 Quelea 中提供的个体生成形式（ Emitter ），内有关于新生个体速度和寿命的设定，能够较好的模拟种群内部个体数量的变化。右图是 Quelea 中提供的种群生存环境，可以是多种形式。

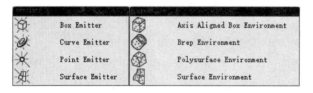

图 27.5　Quelea 中提供的不同的 Emitter 和 Environment

图 27.6 是对个体的生成环境（ 左下角的深色部分 ）、初始状态（ 左上角的深色部分 ）、更新时间的设定（ 右上方深色部分 ），更新的个体（ 右下角深色部分 ），在此基础上便可以加入不同的"力"，模拟不同的种群内部个体的分布规律。

1　Grasshopper 的插件，能够模拟粒子的运动。

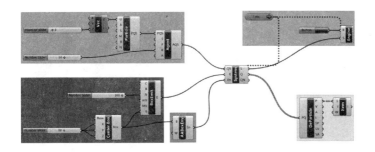

图 27.6　Quelea 中各个部分之间的关系

（五）单种群生物个体分布形态的原型模拟

将上述 Processing 代码写入软件并运行，可以生成与种群形态相似的形体。

图 27.7 左图是种群内部初始时刻的 800 个个体在空间随机分布，随着种群个体之间的相互影响，一段时间后种群内部个体呈现集群分布状态（中间图），再经过足够长的时间后，由于种群内部个体的"吸引力"大于其他的"力"，各个分散的集群逐渐融合成为两个大集群，类似于鸟群在空中飞，鱼群在水中游的随时间变化的形态。

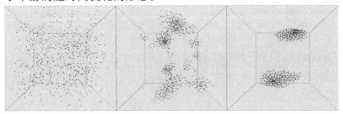

图 27.7　Boids 算法的 Processing 程序生成的种群个体集群分布状态的形体

图 27.8 中的左图是将 Processing 代码中的 pa.flock(boids, 90, 50, 30, 1, 1, 1.5) 修改为 pa.flock(boids, 0, 0, 0, 1, 1, 1)，个体之间的运动互不影响，便生成了随机型种群个体分布形式；如果修改为 pa.flock(boids, 0, 0,500, 1, 1, 5)，个体之间只有排斥力，便生成了均匀型种群个体分布形式。

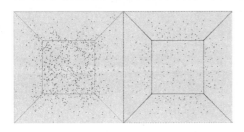

图 27.8　种群个体随机分布形态和均匀分布形态的模拟

（六）其他形态的生成

要生成其他形体可依据不同需要采用 Processing、Quelea，甚至其他软件。利用 Boids 算法及其扩展算法生成形体时，影响形体生成的参数包括种群生境（二维、三维生存空间）、种群个体数量的变化、种群个体之间的"力"的作用、种群个体与环境的"力"的作用等，改变这些参数，将可得到不同的形体。

图 27.9 中左图是利用 Quelea 生成的点阵，生成时加入了单种群个体增长和平衡的函数，使种群的个体数量在一定范围内浮动。加入的"力"为游走（Wander Force）和远离边界（Contain Force），因此该"种群"的形态表现为点阵中点的数量是不断变化的，每个点随机游走，遇到边界自动远离，形成种群个体随机分布的形态。点阵之间距离较近的点连线后用 Millipede 生成右侧图形体。

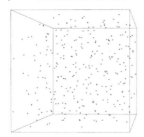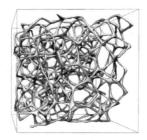

图 27.9　Quelea 生成的形体之一

图 27.10 中形体是利用 Quelea 模拟 30 个生物个体利用到达（Arrive Force）和寻找（Seek Force）两个"力"由下向上寻找其目的地而留下的"路径"。

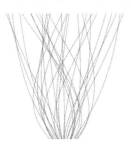

图 27.10　Quelea 生成的形体之二

图 27.11 中形体是利用 Quelea 模拟 40 个生物个体利用到达（Arrive Force）和吸引（Attract Force）两个"力"由上向下寻找其目的地而留下的"路径"，之后将路径包裹加工而成为 Mesh 曲面。

图 27.11　Quelea 生成的形体之三

（七）建筑形体的生成

本节以邯郸永年县龙泉湖湿地公园[1]的湖中景观小品为例说明算法程序的设计运用。该建筑形体以两条边作为初始种群个体的生成区域，生成的时间间隔和个体寿命均被赋予了随机值。之后种群个体在初始形体的面上游走（个体生存的环境是初始形体的外表面），加上六个"力"的作用而形成设计雏形，这六个力分别为：a. 接近了一定距离互相排斥以保证自我的"领地"的"力"；b. 超过一定距离则互相"吸引"以保证种群的相对聚集的"力"；c. 粒子游走的方向和速度参考周边粒子，尽量保持游走方向一致；d. 到达边界速度放慢以保证个体不"撞"上边界的"力"；e. 自由游走的"力"；f. 粒子之间如果距离过近则随机"吃"掉一个粒子（模拟种群内部个体的竞争）。[2]

算法生形的整个过程是一个动态的过程，建筑雏形选取了动态过程的某一时刻的定格形态。

由图 27.12 可知，左图是由初始形体上两条线作为种群的起始地点，中间图是一段时间后种群个体分布情况，右图是距离近的点之间的连线。种群中的每个个体由于有寿命的限制，都不会运动到右图的空白区域，该区域作为"虚体"成为建筑的"入口"，其运动轨迹作为建筑形体的外部支撑结构。

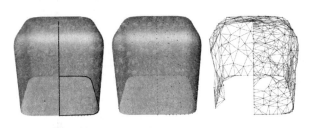

图 27.12　建筑形体生成过程

1　景观设计师：曹凯中。
2　由于有个体互相竞争的"力"和种群个体寿命的限制，该种群内部个体的数量是在一定范围内浮动的。

图 27.13　建筑形体透视图

图 27.14　建筑形体透视图

（八）单种群生物个体分布形态算法特点

　　Boids 及其拓展算法是描述种群内部个体关系的算法，生成的形态可以是二维或者三维的点阵、曲线，如需形成面，则需要后续的深化设计。该算法生成的是动态的点、线组合，生成的形体应用广泛，不只是可以应用到建筑形体上，也可以应用到其他诸如工业设计、平面设计、服装设计上。

　　Boids 算法属于群智能算法，它与粒子群算法、黏菌形态算法、蚁群算法、遗传算法、模拟退火算法、进化算法等可以汇总形成一个算法库，可用这些算法来模拟粒子间以及粒子与环境之间的相互作用。Processing、Quelea 和 Physarealm 插件已提供了基础的平台，未来的研究可以基于这些软件做进一步拓展，产生更多的此类算法插件。

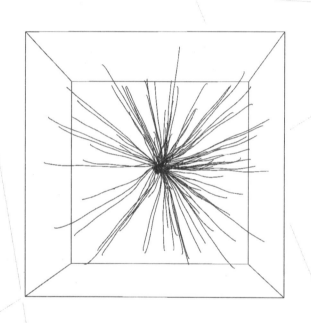

28

鸟群捕食过程形态的
算法程序及数字设计

（一）鸟群捕食过程的形态及特点

根据生物学家的研究，鸟群在一块空地上捕食，鸟群并不知道食物在哪里，只知道自身与食物的距离，为了能够找到食物，鸟群会向目前距离食物最近的那个鸟附近搜索，直至找到食物。从形态上来看，鸟群一开始处于离散的状态，每个鸟的位置是随机的，但是随着搜寻食物的进行和时间的推移，鸟群逐渐汇集成为一个整体，最终全部聚集在食物的周围。如图 28.1 所示，左图所示为以集群分布形态飞行的鸟群，当有食物出现后，所有鸟均向食物靠拢（右图）。

鸟群捕食的过程是一个高效的搜索过程，其中蕴含了鸟类学习策略和生存原则，其特点可归纳为：a.鸟群是一个整体系统，不会因为其中的某个或者某些鸟出错而影响全局，鲁棒性较强；b.鸟群对单个鸟的要求不苛刻，只要目标明确就符合要求；c.鸟群具有较高的收敛速度。

图 28.1　鸟群捕食过程图

（二）鸟群捕食过程形态的分析图

鸟群捕食过程是鸟"找"生境中的"食物"的过程，每一单个鸟都知道距离食物最近的个体并向其移动，最终全部单体鸟都找到"食物"。从形态上来看是鸟群不断向一点聚集的过程。图 28.2 从左至右依次显示鸟群聚集过程。

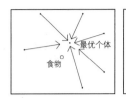

图 28.2　鸟群捕食过程形态分析图

（三）鸟群捕食过程形态的算法研究

美国心理学家肯尼迪（James Kennndy）和电气工程师艾波哈特（Russell Eberhart）于 1995 年就提出了粒子群优化算法用于模拟鸟群捕食行为过程[1]。粒子群优化算法是一个高效的智能化搜索算法。粒子群优化算法具有如下特点：初始的种群中个体是随机的；对种群内部每个个体计算其适应值，适应值的相对大小与最优解有关（可能是距离，也可能是其他因素）；种群根据适应值进行迭代，不断繁衍和更新；如果终止条件满足，则输出最优值，否则继续进行计算适应性、迭代步骤，直至满足终止条件。粒子群优化算法用于形体生成的流程框图如下。

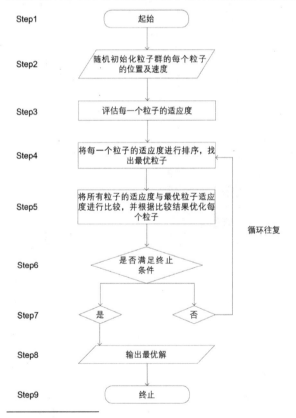

图 28.3　算法程序框图 28——鸟群捕食过程形态的算法框图

1　参见：Russell C. Eberhart, Yuhui Shi, James Kennedy. Swarm Intelligence (The Morgan Kaufmann Series in Evolutionary Computation) 1st Edition. Morgan Kaufmann. 2001.

在此流程图中 Step2 除了要初始化种群本身，还需要添加一个"食物条件"，比如在种群活动区域内有一点模拟食物。

Step3、4、5 这三个步骤模拟的是鸟群捕食的过程，每个鸟均知道自己与食物之间的距离，也就是算法中所述的适应度，之后找出离食物距离最近的鸟，即最优粒子，所有的鸟都向最优粒子靠拢，每一次迭代的过程最优粒子均重新评估。

Step6：终止条件的设定可以是所有单体均聚集一点，也可以是时间段上的定格形态记录，也可以是粒子走过的轨迹形态记录。

（四）鸟群捕食过程形态的算法程序

要模拟鸟群捕食的过程，需要首先在 Quelea 中初始化粒子群的位置、速度、生境，如图 28.4 所示，初始化的粒子速度是 Z 方向，粒子由 30 见方的 Box（也是生境）生成，位置随机；其次是初始化"食物"的位置，如图 28.5 所示，食物位于生境中心；第三步如图 28.6 所示，将某一时刻的所有粒子距离"食物"的距离求出，取距离"食物"最近的单体，其他粒子向此靠拢（加设 Seek Force，即向最优个体靠近的"力"，见最后一个运算器）。以上过程模拟算法框图中的 Step1~5。之后反复求得最优粒子，反复推演此过程，直到"食物"被"找到"——所有粒子聚集在食物周围。

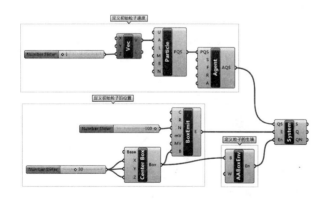

图 28.4　Quelea 模拟鸟群捕食
过程算法步骤一

313

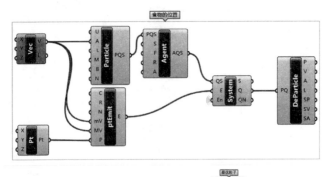

图 28.5　Quelea 模拟鸟群捕食
过程算法步骤二

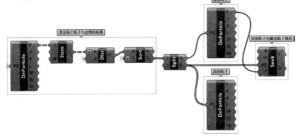

图 28.6　Quelea 模拟鸟群捕食
过程算法步骤三

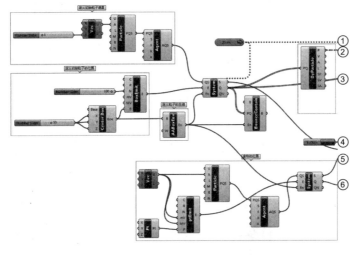

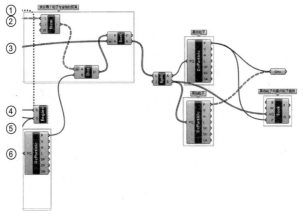

图 28.7　完整程序图

（五）鸟群捕食过程形态的原型模拟

如图 28.8 所示，图中"食物"位于立方体的体心，图中红色点是最优粒子，随着时间的推移，种群个体汇集成一个点（从左至右示意逐步汇集过程）。

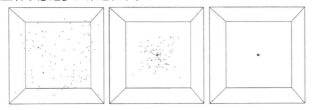

图 28.8　鸟群捕食过程的模拟

（六）其他形体的生成

影响该算法生形的参数包括粒子的空间位置、速度、生境的形状、"食物"的空间位置和数量、粒子在空间运动时所加的"力"，改变这些参数，可生成不同的形体。

图 28.9 是以正方形的两个边作为粒子生成点，正方形中心作为"食物"点（左图），将粒子运动轨迹连线后形成一个线组（右图）。

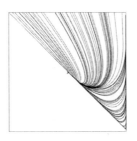

图 28.9　鸟群捕食过程算法生成的形体一

图 28.10 表示两点"食物"影响下算法生成的形体，左图是粒子的运动轨迹，右图在左图基础上对线"包裹"后，依据 Mesh 面的细分形式"穿孔"而成。

图 28.10　鸟群捕食过程算法生成的形体二

图 28.11 的表示基于半椭球形体生成"鸟群"，"食物"在椭球中心在地面的投影点处，而后依据算法生成了运动轨迹（左图），进而加工而成巨构状柱体。

图 28.11　鸟群捕食过程算法生成的形体三

（七）建筑形体的生成

本节以某湿地公园的一个湖中景观小品为例说明算法程序的运用。如图 28.12 所示，该建筑形体是以地面上的四边形作为"食物"的生成区域，共设有 20 个"食物"，在地面上生成的 100 个粒子根据算法程序在此 20 个"食物"中不断的"徘徊"，在粒子群达到稳定形态后，取定格形态，以此作为平面形体；再将粒子"抬"到一定高度后，形成建筑雏形；在此基础上进行深化设计最终得到建筑形体（图 28.13）。

图 28.12　建筑形体生成过程

图 28.13　建筑形体透视图

（八）鸟群捕食过程形态算法特点

粒子群优化算法是搜寻最优解的算法，将其进行改写可用到建筑形体生成设计上，建筑形体的取形可以采用粒子的运动轨迹或者粒子的空间位置等信息，将这些信息进一步深化发展便可获得所要的设计形体。

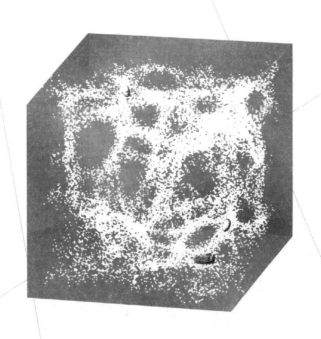

29

黏菌觅食过程形态的
算法程序及数字设计

（一）黏菌觅食过程的形态及特点

黏菌（多头绒泡菌）是一种常见的黄色多核单细胞生物。它具有复杂的生命周期，能够随意改变自身形态，逐步自组织的构建起连接食物之间的管道网络。这引起了众多科学家的兴趣，其智能行为也被广泛研究。

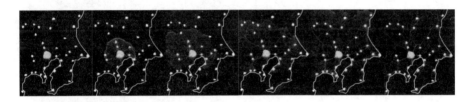

黏菌觅食的特性可描述为：单体觅食初级阶段是随机行为；单体觅食后会留下信息素；单体倾向于朝信息素浓度高的区域行走，信息素会随着时间的推移而消散；在觅食过程中，黏菌单体会出现随机游走、繁殖、死亡，并可避开障碍等行为。

图 29.1　黏菌形态变化过程

（二）黏菌觅食过程形态的分析图

图 29.2 为黏菌觅食过程的行为轨迹分析图，每一个分析图均表现了黏菌单体在觅食过程中的一种行为，这些行为交织在一起，形成了群体行为，表现了黏菌通过信息素来寻找最优觅食途径的过程。从中可以看到，黏菌单体总是行走于几个食物之间的最短路径，遇到障碍物后觅食的路径会变换。如果在觅食过程中不断保持着单体数量的稳定，一些行为组合会转变成群体的、稳定的形态。

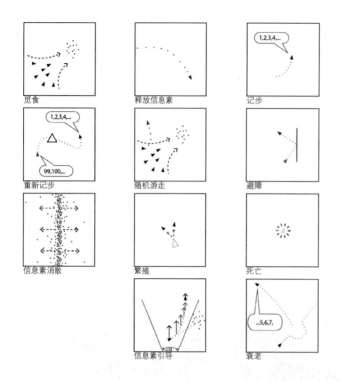

觅食　　　　　　释放信息素　　　　　　记步

重新记步　　　　随机游走　　　　　避障

信息素消散　　　　繁殖　　　　　　死亡

信息素引导　　　　衰老

图 29.2　黏菌觅食过程行为分析图

（三）黏菌觅食过程形态的算法研究

　　要模拟黏菌觅食过程的形态，首先可设置初始化的黏菌单体的位置、速度，之后使其随机移动；另外需要设置的是食物的位置和数量，这将决定后续形成的网络是根据这些食物的信息而来；接着可规定黏菌单体运动的上述各种行为及其参数，使每个单体按照这些"规则"进行运动，从而形成群体行为；最后可设置终止的条件，并输出终止时黏菌单体的空间位置、运动轨迹、信息素等。算法生形的流程图如图 29.2 所示。

　　在此流程图中 Step2 模拟的是初始化的种群单体的随机觅食过程。

　　Step3 的参数可以分析图中的行为特性为参照。

　　Step6 中终止条件是群体行为达到相对稳定平衡的状态。

　　Step7 输出空间的点阵或者是黏菌单体运动的轨迹。

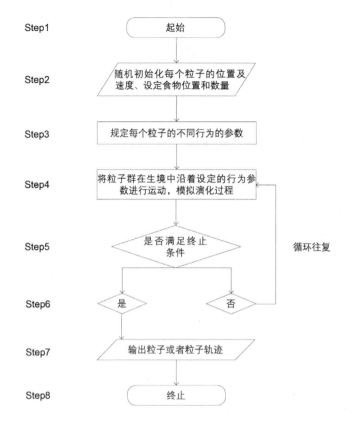

Step1	起始
Step2	随机初始化每个粒子的位置及速度、设定食物位置和数量
Step3	规定每个粒子的不同行为的参数
Step4	将粒子群在生境中沿着设定的行为参数进行运动，模拟演化过程
Step5	是否满足终止条件
Step6	是　否
Step7	输出粒子或者粒子轨迹
Step8	终止

循环往复

图 29.3　算法程序框图 29——
脑纹珊瑚形态的算法框图

（四）黏菌觅食过程形态的算法程序

该算法已经由马逸东和张裕翔[1]用 C# 语言编写了完整的开源插件 Physarealm，该插件有六个类别，分别为核心、环境、释放体、食物、设置和分析。使用插件可模拟黏菌单体的运动。运动的结果可以通过分析运算模块导出，比如单体的位置、信息素浓度分布、轨迹等（图 29.4）。该插件代码地图见图 29.5~ 图 29.7。

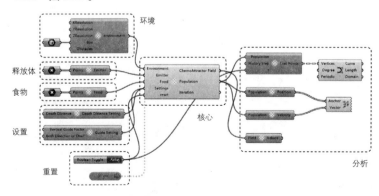

图 29.4　Physarealm 基本框架

1　清华大学建筑学院 2015 级专硕研究生秋季学期非线性 studio 学生。

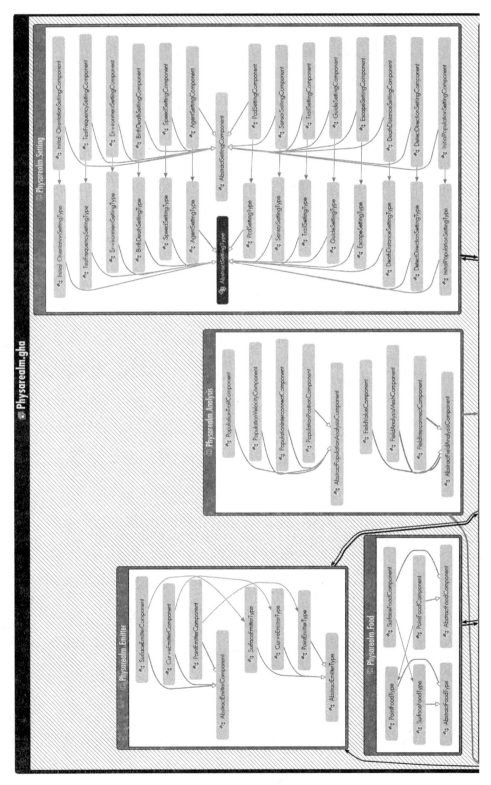

图 29.5　Physarealm 代码地图
之一

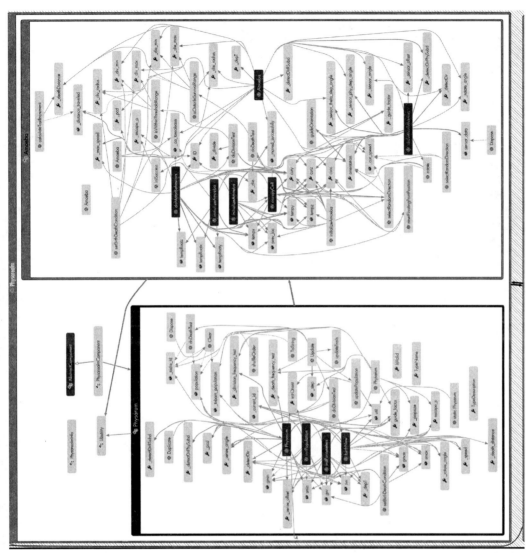

图 29.6 　Physarealm 代码地图
之二

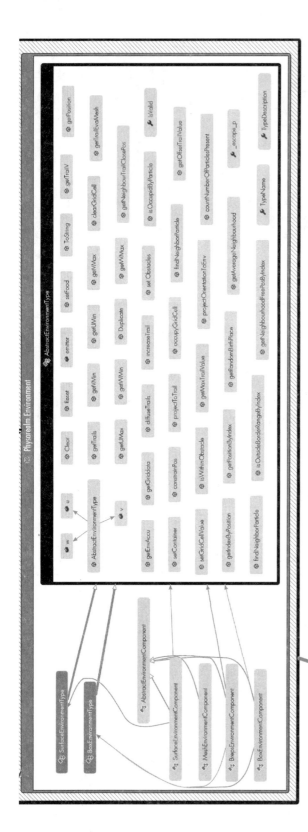
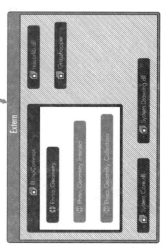

图 29.7 Physarealm 代码地图
之三

（五）黏菌觅食过程形态的原型模拟

Physarealm 插件生形的过程与算法规定的动态过程正是黏菌觅食的过程，运用插件可模拟从开始的随机状态逐步形成稳定的形体，表现为网状、树状、环状等拓扑结构，与生物运动原型形态一致（图 29.4~ 图 29.6）。

二维空间模拟

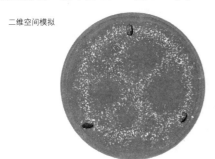

三维空间模拟

首先将食物放置在培养皿的三个角点，将多头绒泡菌从培养皿中心释放。程序运行 150 帧后形成了清晰的觅食路径。

再将食物放置在三维培养皿中，将多头绒泡菌从培养皿中心释放。程序运行 150 帧后形成了清晰的空间觅食路径。

图 29.8　黏菌觅食过程形态原型模拟

（六）其他形体的生成

该插件的参数分为环境、释放体、食物、设置、输出的形式，将参数进行不同组合，生成的形体也各不相同（图 29.9）。

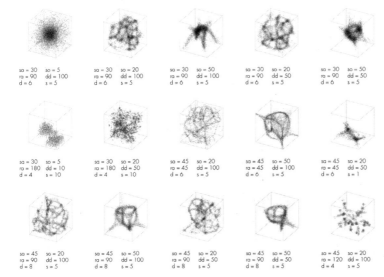

图 29.9　不同参数组合生成的形体

（七）建筑形体的生成

运用该算法可生成一系列不同的设计。图 29.10 是一个连接两个建筑的"桥"，该设计模拟黏菌的行为，记录黏菌每一个单体的运动轨迹和信息素的浓度值，最后输出的是一组曲线，并用"信息素"的线连接曲线。

图 29.11 是一个装置设计，图 29.12 是家具设计。

图 29.10 "桥"

图 29.11 装置设计

图 29.12 家具设计

（八）黏菌觅食过程形态算法特点

黏菌觅食过程的形态算法也是一种搜寻最优解的算法，可应用到建筑形体或总平面生成设计上；利用 Physarealm 插件进行模拟设计时，通常输出的结果是点阵、曲线和信息素的数值，将它们转变成设计形体需用到等值面算法或其他类似算法；此外，该算法也可以用在景观设计中进行景观路网最优解的找寻，比如将景观中的节点设置为"食物"，用该算法进行觅食过程形态模拟后，就可以得出最优化的路网系统。

30

群落内多种群形态的
算法程序及数字设计

（一）群落内多种群的形态及特点

生物群落内多种群形态指各个不同种群规模的变化所构成的多种群状态。种群规模取决于种群内部生物个体的行为及其引起的数量的变化，其直接原因在于不同种群间相互作用，包括攻击行为、防御行为、共生行为、寄生行为、共栖行为等；这些作用可分为正相互作用和负相互作用，正相互作用可以细分为互利共生、偏利共生、原始协作三类，负相互作用包括捕食、偏害、竞争、寄生等；无论是正相互作用还是负相互作用，其结果均造成各种群内部个体数量呈现此消彼长的随机变化或者周期平稳振荡变化。

（二）群落内多种群形态的分析图

在群落中多种群作用初期，种群的个体数量呈现不规则的变化，而随着相互作用的不断进行，多种群之间趋于稳定，各个种群内部个体数量呈现周期性平稳振荡变化，如图30.1所示。

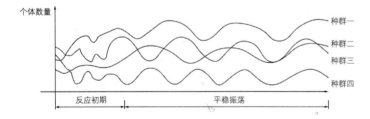

图30.1　群落内多种群相互作用形态的分析图

（三）群落内多种群形态的算法研究

B-Z 振荡反应（B-Z Oscillation Reaction）[1] 可以解释种群涨落的变化规律，它可模拟出生物种群间相互作用而产生的周期性变化。下图是不同催化剂浓度实验的 B-Z 振荡反应物质浓度曲线。

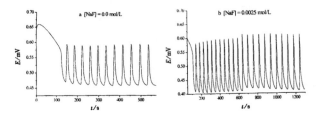

图 30.2 不同催化剂浓度下的
B-Z 振荡反应物质浓度曲线

将 B-Z 振荡反应及其拓展算法用于形态生成可按如下的流程图进行。

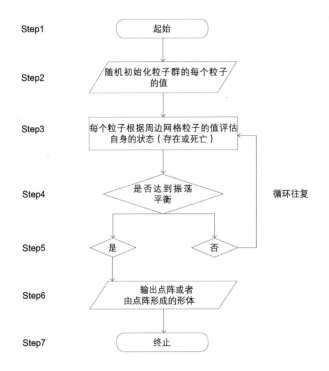

图 30.3 算法程序框图 30——
群落内多种群形态的算法框图

---

1 B-Z 振荡反应是 1921 年由加利福尼亚大学伯克利分校的威廉（Bray Willam）第一次发现的，但当时因为经典热力学认为化学反应只能走向平衡态，所以这个发现被当时的科学界否认。1952 年著名的数学家图灵（Alan Mathison Turing）通过数学的方法证明了振荡化学反应的存在。1958 年，俄国化学家别洛索夫（B. P. Belousov）和扎鲍廷斯基（A. M. Zhabotinskii）以铈做催化剂，将柠檬酸和溴酸钾相互作用时发现化学振荡反应现象，即溶液在无色透明和淡黄色透明两种状态中规则的周期振荡。此后，此反应以两人的首字母命名为 B-Z 振荡反应。1969 年，普利高津提出了耗散结构理论阐释了系统在远离平衡态的时候，无序的均匀态会逐渐瓦解而产生有序的时空状态，在理论层面上解释了振荡反应的原因。

332

如上图，Step2 的初始种群是随机存在的，随机占领"生境"的每一个点，由此作为下一步迭代的初始依据。

Step3、4、5 模拟的是种群内个体的"生存"或者"死亡"依据的是周边粒子对其影响，即受到其他种群个体或者环境的影响而改变自身的状态。

由此可见，定义个体粒子与其周边粒子的规则成为此算法的关键，这也是元胞自动机的规则。英国化学家和科普作家保尔（Philip Ball）将 B-Z 振荡反应复杂的规则（涉及 20 多个不同的化学反应）简化成三个关系：

$A+B \to 2A$

$B+C \to 2B$

$C+A \to 2C$[1]

加号前面的物质都是新生成的物质，会和加号后面的物质合并而生成两个自身，如此过程不断地进行，形成循环振荡的反应。将上面的公式进行改写，即当下一时刻（t+1）来临时，A、B、C 三种物质的数量取决于当前时刻（t）各自的数量，A_{t+1} 物质的数量取决于 A_t、A_t "吃掉"的 B_t 的数量、A_t 被 C_t "吃掉"的数量三个数值，即：$A_{t+1}=A_t + A_t \cdot (B_t - C_t)$。同理，简化的 B-Z 振荡反应数学方程如下：

$$A_{t+1} = A_t + A_t \cdot (m_1 \cdot B_t - n_1 \cdot C_t)$$

$$B_{t+1} = B_t + B_t \cdot (m_2 \cdot C_t - n_2 \cdot A_t)$$

$$C_{t+1} = C_t + C_t \cdot (m_3 \cdot A_t - n_3 \cdot B_t)$$

其中 m_1、m_2、m_3、n_1、n_2、n_3 均为常数，描述的是不同物质之间反应的强度。该规则也反映了群落内的多种群之间的关系——不同种群个体之间的捕食与被捕食关系。

（四）群落内多种群形态的算法程序
上述 B-Z 振荡反应的规律可在 Processing 软件中写出。

```
float [][][] a; float [][][] b; float [][][] c;
int p = 0, q = 1;
void setup(){
 size(400,400);
 colorMode(RGB,1.0);
 a = new float [width][height][2];
 b = new float [width][height][2];
 c = new float [width][height][2];
 for (int x = 0; x < width; x++) {
  for (int y = 0; y < height; y++) {
   a[x][y][p] = random(0.0,1.0);
   b[x][y][p] = random(0.0,1.0);
   c[x][y][p] = random(0.0,1.0);
```

1　详　见：Philip Ball. Designing the Molecular World: Chemistry at the Frontier[M]. New Jersey: Princeton University Press, 1996.

```
     } }}
   void draw(){
    for (int x = 0; x < width; x++) {
      for (int y = 0; y < height; y++) {
       float c_a = 0.0;
       float c_b = 0.0;
       float c_c = 0.0;
       for (int i = x - 1; i <= x+1; i++) {
        for (int j = y - 1; j <= y+1; j++) {
         c_a += a[(i+width)%width][(j+height)%height][p];
         c_b += b[(i+width)%width][(j+height)%height][p];
         c_c += c[(i+width)%width][(j+height)%height][p];
        }    }
       c_a /= 9.0;
       c_b /= 9.0;
       c_c /= 9.0;    // 将自身与周边 8 个点进行计算。
       a[x][y][q] = constrain(c_a + c_a * (1.2 * c_b - c_c), 0, 1);
       b[x][y][q] = constrain(c_b + c_b * (c_c - 1.2 * c_a), 0, 1);
       c[x][y][q] = constrain(c_c + c_c * (c_a - c_b), 0, 1);
       set(x,y,color(a[x][y][q],b[x][y][q],c[x][y][q]));    // 这是关键的一步，即方程的写入（与
上述的简化的 B-Z 振荡反应数学方程相同）。
      } }
    if (p == 0) {   p = 1; q = 0; } else {   p = 0; q = 1; }}
```

　　以上为在二维平面上实现算法的源代码，其核心部分是改
变自身的方程部分（按照简化的 B-Z 振荡反应数学方程写入），
该部分定义了每一个粒子的自身状态是根据现阶段自身和周边
8 个粒子的状态计算出自身的数值，之后将所得到的数值填充
到 x、y 的平面中以形成图案。[1]

　　以上为在二维平面上实现算法的源代码，其核心部分是改
变自身的方程部分（按照简化的 B-Z 振荡反应数学方程写入），
该部分定义了每一个粒子的自身状态是根据现阶段自身和周边
8 个粒子的状态计算出自身的数值，之后将所得到的数值填充
到 x、y 的平面中以形成图案。

　　该算法也可以拓展到三维形式，即基于元胞自动机的规则
制定点的"生"、"死"，但规则不一定局限于 B-Z 振荡反应。

```
    for (int i=0; i<HOR; i++) {
     for (int j=0; j<VER; j++) {
      for (int k=0; k<VER; k++) {
       if (jimmy[(i+HOR)%HOR][(j+VER)%VER][(k+ZED)%ZED][3][p] == mState) {
        stroke(0);
        strokeWeight(4);
         P = new PVector (jimmy [i][j][k][0][p]-HOR*space/2, jimmy [i][j][k][1][p]-
VER*space/2, jimmy [i][j][k][2][p]-ZED*space/2);
        point(P.x,P.y,P.z);
       }    }  } }    // 首先建立所有的点。
    for (int x = 0; x < HOR; x++) {
     for (int y = 0; y < VER; y++) {
      for (int z = 0; z < ZED; z++) {
       int a = 0;
       int b = 0;
       int s = 0;
       for (int i = x - 1; i <= x+1; i++) {
        for (int j = y - 1; j <= y+1; j++) {
         for (int k = z - 1; k <= z+1; k++) {
          if ((jimmy[(i+HOR)%HOR][(j+VER)%VER][(k+ZED)%ZED][3][p]> 0) &&
(jimmy[(i+HOR)%HOR][(j+VER)%VER][(k+ZED)%ZED][3][p]< mState)) {
           a = a + 1;       }       }
       // 以上循环是定义点的状态———感染，即当 jimmy 值处在 0 与 mState 之间。
       for (int i = x - 1; i <= x+1; i++) {
```

1　源代码作者：Alasdair Turner，笔者改写。

```
    for (int j = y - 1; j <= y+1; j++) {
      for (int k = z - 1; k <= z+1; k++) {
        if (jimmy[(i+HOR)%HOR][(j+VER)%VER][(k+ZED)%ZED][3][p] == mState) {
b = b + 1;           }           }           }
    // 以上循环是定义点的状态——病点，即当 jimmy 值为 mState。
    if (jimmy [x][y][z][3][p] == mState) {
    jimmy [x][y][z][3][q] = 0;   // 病点状态的数值取值。
    } else if (jimmy [x][y][z][3][p] == 0) {
    jimmy [x][y][z][3][q] = int (a / k1) + int (b / k2);// 健康状态的数值取值。
    } else jimmy [x][y][z][3][q] = int (s / (a + b + 1)) + G ;
    if (jimmy [x][y][z][3][q] > mState) {
    jimmy [x][y][z][3][q] = mState;        } } } }
if (p == 0) {
  p = 1;
  q = 0;
} else {
  p = 0;
  q = 1; }
  // 以上为取值的计算过程，每个点会根据数值决定是否被其他的点"感染"而改变自
身的状态，以致来决定是"重生"还是"死亡"。
```

以上为三维程序的核心代码（完整源代码从略），显示了
元胞自动机的一种规则——三维点阵通过周边点的"感染"和
计算数值决定自身的存在与否。

（五）群落内多种群形态的原型模拟

将上述代码写入 Processing，可以生成振荡反应的动态过
程形态。

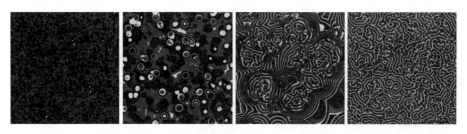

图 30.4　二维平面上的振荡反应
动态过程形态

上图从左至右分别为三种颜色互相影响下随着时间的推移
而形成的不同形态，模拟的是振荡反应的动态过程以及多种群
之间的此消彼长的相互关系，该平面中一共 400×400 个点，最
初由黑、灰、白三种颜色随机"占领"，后经过代码的变换，
逐步形成右侧图中不断循环变换的图案。

三维"元胞自动机"振荡过程是在二维的振荡反应过程基
础上演化而来的，首先是将所有的点全部"占领"，随着时间
的推移，每个点不断地和周围的点发生关系，以确定该点的"生"
或者"死"，由此形成稳定的周期振荡的形态。

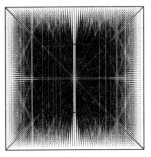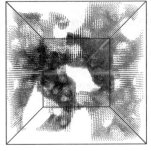

图 30.5 三维"元胞自动机"振荡过程的形态

　　如果要模拟多种群相互影响造成的种群个体随机性变化则需要将影响参数加入随机值，则生成的形体便体现了随机性。

　　（六）其他形体的生成

　　影响二维算法生形的参数主要是 c_a、c_b、c_c 每次迭代除以的数字（即本点参考周围点的数量），如果是 9，则每次迭代参考的是该点平面周围的 8 个点和本身一共 9 个点，如果改变这个数字（数字取值范围是 1-9 之间的整数，包括 1 和 9），会对二维算法程序生形会有较大影响。另外方程中的 m_1、m_2、m_3、n_1、n_2、n_3 常数的改变也会影响生形，但是这几个数字如果不相等，就会出现某一种物质在反应中比较"强势"。

　　图 30.6 为 c_a、c_b、c_c 每次迭代除以的数字为 1、3、4 而生成的图案。

图 30.6 c_a、c_b、c_c 每次迭代除以的数字为 1、3、4 而生成的图案

　　图 30.7 为 c_a、c_b、c_c 每次迭代除以的数字为 5、7、随机数而生成的图案。

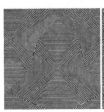

图 30.7 c_a、c_b、c_c 每次迭代除以的数字为 5、7、随机数而生成的图案

　　图 30.8 为将二维图案在 z 轴方向拉伸而生成的图案。

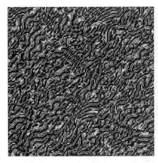

图 30.8 将二维图案在 z 轴方向
拉伸而生成的图案

由上文所述，影响三维算法生形的参数是 mState（"病"
点判断参数——"感染"范围，即哪些点影响本点）、影响规则，
即方程及其常数，由此形成不同的稳定振荡形式的点云。

（七）建筑形体的生成

本节仍以某湿地公园湖中景观小品为例介绍多种群形态算
法程序的运用。由上文可知，B-Z 振荡反应及其拓展算法的程
序有二维和三维两种，此处用两种程序共同生成一个建筑形体。

首先利用三维的程序生成点阵，之后选取在椭球形外部的
点阵形成六面体，组成连续的曲面（图 30.9）；之后在形体的
底部以二维程序生成地面的铺装，由三种材质组成，透明的玻
璃、灰色的石材、白色的石材。三者共同组成具有"曲水流觞"
状的地面形态，透明的玻璃可让观者看到其下面的水和石材的
倒影（图 30.10~ 图 30.12）。

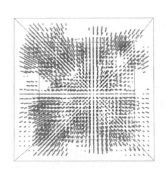

图 30.9 建筑形体生成过程

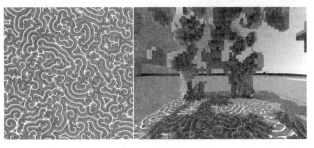

图 30.10 某湿地公园湖中心景
观小品地面设计平面图和透视图

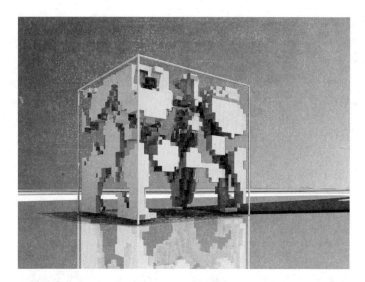

图 30.11　建筑形体鸟瞰图

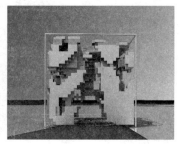

图 30.12　建筑形体透视图

（八）群落内多种群形态算法特点

B-Z振荡反应及其拓展算法是一种复杂的元胞自动机算法，该算法每个单元利用自身和周围的单元状态来决定自身的状态，达到平衡后出现不断往复循环的形态。

该算法有二维和三维两种，二维的算法生成的形体以颜色的形式出现，三维的算法生成的形体以点阵的形式出现，故该算法可以用在二维的纹样设计和三维的点阵设计上；二维纹样的生成可以直接用做建筑图案，生成的三维点阵则可进行后续深化设计，让其满足建筑形体的要求。

此算法生成的形体是循环往复变化的形态，从理论上来说，其生成的形态有限，但如果加设随机函数，则生成的形体可以无限多样化。

参考文献

[1]　E. C. 皮洛著，卢泽愚译. 数学生态学 [M]. 北京：科学出版社，1988.

[2]　M·贝尔热 著，周克希 译. 几何（第 1 卷）群的作用、仿射与射影空间 [M]. 北京：科学出版社，1987.

[3]　彼得·埃森曼 著. 陈欣欣，何捷 译. 图解日志 [M]. 北京：中国建筑工业出版社，2005.

[4]　陈兰荪，宋新宇，陆征一. 数学生态学模型与研究方法 [M]. 成都：四川科学技术出版社，2003.

[5]　陈龙潭. 复杂科学观点下的战略性思维建构：基于三个自动生成过程模式之诠释 [D]. 上海：复旦大学，2004.

[6]　陈品键. 动物生物学 [M]. 北京：科学出版社，2001.

[7]　成思危. 复杂科学与系统工程 [J]. 管理科学学报，1999: 1-7.

[8]　崔悦君. 进化式建筑 [J]. 世界建筑导报，2000(03). 5-13.

[9]　邓林红，陈诚. 细胞骨架的普遍性动力学行为 [J]. 医用生物力学，2011, 26: 193-200.

[10]　方舟子. 寻找生命的逻辑——生物学观念的发展 [M]. 上海：上海交通大学出版社，2005.

[11]　冯江，高玮，盛连喜. 动物生态学 [M]. 北京：科学出版社，2005.

[12]　弗里德里·希克拉默 著，柯志阳，吴彤 译. 混沌与秩序——生物系统的复杂结构 [M]. 上海：上海科技教育出版社，2000.

[13]　高福聚. 空间结构仿生工程学的研究 [D]. 天津：天津大学，2002.

[14]　戈峰. 现代生态学 [M]. 北京：科学出版社，2008.

[15]　桂建芳，易梅生. 发育生物学 [M]. 北京：科学出版社，2002.

[16]　汉诺-沃尔特·克鲁夫特著 著，王贵祥等 译. 建筑理论史：从维特鲁到现在 [M]. 北京：中国建筑工业出版社，2005.

[17]　贺兴平. 基于元胞自动机的复杂生物系统演化模型研究 [D]. 武汉：武汉理工大学，2009.

[18]　何炯德. 新仿生建筑：人造生命时代的新建筑领域 [M]. 北京：中国建筑工业出版社，2009.

[19]　胡泗才，王立屏. 动物生物学 [M]. 北京：化工工业出版社，2010.

[20]　侯宁，何继新，朱学群，李钰谨. 复杂科学在生态系统研究中的应用 [J]. 生态经济，2009: 142-150.

[21]　胡安·爱德多·西罗特. 高迪建筑设计作品欣赏. 巴塞罗那：特朗格勒画册出版有限公司，2002.

[22]　黄蔚京，徐卫国. 非线性建筑设计中的"找形" [J]. 建筑学报，2009: 96-99.

[23]　黄学林. 植物发育生物学 [M]. 北京：科学出版社，2012.

[24]　肯尼斯·弗兰姆普敦著 著. 张钦楠等译. 现代建筑：一部批判的历史 [M]. 北京：生活·读书·新知三联书店，2004.

[25]　姬厚元. 论生物进化的新机制：自然诱导—生物自组织 [J]，科协论坛（下半月），2011.

[26]　吉尔·德勒兹 著. 于奇智，杨洁 译. 褶子 [M]. 长沙：湖南文艺出版社，2001.

[27]　孔宇航. 非线性又及建筑 [M]. 北京：中国建筑工业出版社，2012.

[28]　冷天翔. 复杂性理论视角下的建筑数字化设计 [D]. 广州：华南理工大学，2011.

[29]　李燕，张玉昆. 当代仿生建筑及其特质 [J]. 城市建筑，青年学者论坛，2005: 68.

[30]　林秋达. 基于分形理论的建筑形态生成 [D]. 北京：清华大学，2014.

[31]　刘次全，白春礼，张静. 结构分子生物学 [M]. 高等教育出版社，1997.

[32]　刘广发. 现代生命科学概论 [M]. 北京：科学出版社，2008.

[33]　刘穆. 种子植物形态解剖学导论 [M]. 北京：科学出版社，2010.

[34]　鲁道夫·阿恩海姆 著，腾守尧 译. 视觉思维 [M]. 成都：四川人民出版社，1998.

[35]　罗杰·彭罗斯 著，许明贤，吴忠超 译. 皇帝新脑 [M]. 长沙：湖南科学技术出版社，2007.

[36]　吕从娜，闫启文. 仿生建筑的类型及未来发展趋势. 设计平台 [J]，美术大观，2007: 80.

[37]　马庆生. 生物学大辞典 [M]. 南宁：广西科学技术出版社，1999.

[38]　尼尔·林奇，徐卫国. 快进 >>，热点，智囊组 [M]. 香港：Map Book Publishers,

2004.

[39] 尼尔·林奇，徐卫国．涌现：青年建筑师作品 [M]．北京：中国建筑工业出版社，2006.

[40] 尼尔·林奇，徐卫国．涌现：学生建筑设计作品 [M]．北京：中国建筑工业出版社，2006.

[41] 尼尔·林奇，徐卫国．数字建构：青年建筑师作品 [M]．北京：中国建筑工业出版社，2008.

[42] 尼尔·林奇，徐卫国．数字建构：学生建筑设计作品 [M]．北京：中国建筑工业出版社，2008.

[43] 尼尔·林奇，徐卫国．数字现实：青年建筑师作品 [M]．北京：中国建筑工业出版社，2010.

[44] 尼尔·林奇，徐卫国．数字现实：学生建筑设计作品 [M]．北京：中国建筑工业出版社，2010.

[45] 尼尔·林奇，徐卫国．设计智能 高级计算性建筑生形研究 学生建筑设计作品 [M]．北京：中国建筑工业出版社，2013.

[46] 徐卫国，尼尔·林奇．数字工厂 高级计算性生成与建造研究 学生建筑设计作品品 [M]．北京：中国建筑工业出版社，2015.

[47] 仇保兴．复杂科学与城市转型 [J]．城市发展研究，2012：1-18.

[48] 瑞里和克莱因．数码设计：Surface, 2009(12): 98.

[49] 赛道建．普通动物学 [M]．北京：科学出版社，2008.

[50] 史晓君．基于蜻蜓翅膀的温室结构仿生设计研究 [D]．长春：吉林大学，2012.

[51] 沈源．整体系统：建筑空间形式的几何学构成规则 [D]．天津：天津大学，2010.

[52] 孙继涛，张银萍．三种群食饵系统的平稳振荡 [J]．生物数学学报，1992: 145-148.

[53] 孙久荣，戴振东．动物行为仿生学 [M]．北京：科学出版社，2013.

[54] 汤姆·齐格弗里德 著，洪雷，陈玮，彭工 译．纳什均衡与博弈论：纳什博弈论及对自然法则的研究 [M]．北京：化学工业出版社，2011.

[55] 王嘉亮．生·动态·可持续 [D]．天津：天津大学，2011.

[56] 王寿云．开放的复杂巨系统 [M]．杭州：浙江科学技术出版社，1996: 286.

[57] 王元秀．普通生物学 [M]．北京：化学工业出版社，2010.

[58] 汪富泉，李后强．分形——大自然的艺术构造 [M]．济南：山东教育出版社，1993.

[59] 汪富泉，李后强．分形几何与动力系统 [M]．哈尔滨：黑龙江教育出版社，1993.

[60] 王凯基，倪德祥．植物生物学词典 [M]．上海：上海科技教育出版社，1998.

[61] 翁羽翔．美丽是可以表述的——描述花卉形态的数理方程 [J]．物理，2005: 254-261.

[62] 吴志松．植物叶序现象背后的数学规律 [J]．科技创新导报，2010: 210.

[63] 休·奥尔德西 - 威廉斯 著，卢昀伟 译．当代仿生建筑 [M]．大连：大连理工大学出版社，2004.

[64] 徐汉卿．植物学 [M]．北京：中国农业出版社，1995.

[65] 徐卫国．非线性体：表现复杂性 [J]．世界建筑，2006: 118-121.

[66] 徐卫国．参数化设计在中国的建筑创作与思考——清华大学建筑学院徐卫国教授、徐丰先生访谈 [J]．城市建筑，2010(6): 108-113.

[67] 徐卫国，陶晓晨．批判的图解——作为"抽象机器"的数字图解及现象因素的形态转化 [J]．世界建筑，2008(5): 114-119.

[68] 徐卫国．参数化设计与算法生形 [J]．世界建筑，2011(6): 110-111.

[69] 徐卫国．漫谈"参数化设计"——访清华大学建筑学院徐卫国教授 [J]．住区，2012 (5) :12-15

[70] 杨世杰．植物生物学 [M]．北京：科学出版社，2002.

[71] 杨文修．生物物理学研究的一些前沿问题 [J]．天津理工学院学报，2004, Vol.16 No.4: 6-9.

[72] 姚敦义，张慧娟，王静之．植物形态发生学 [M]，北京：高等教育出版社，1994.

[73] 叶庆华，曾定，陈振端，朱学艺．植物生物学 [M]．厦门：厦门大学出版社，2001.

[74] 渊上正幸编著（覃力等翻译）．现代建筑的交叉流 世界建筑师的思想和作品 [M]，北京：中国建筑工业出版社，2000.

[75] 约翰·霍兰 著，陈禹 译．涌现：从混沌到有序 [M]．上海：上海科学技术出版社，2006.

[76] 张向宁．当代复杂性建筑形态设计研究 [D]．哈尔滨：哈尔滨工业大学，2010.

[77] 翟炳博，徐卫国，黄蔚欣．基于脑纹珊瑚结构的景观系统研究——以颐和园外团城湖片区景观规划为例 [J]．城市建筑，2013: 46-49.

[78] 朱澂．植物个体发育 [M]．北京：科学出版社，1984.

[79] 朱念德．植物学（形态解剖部分）[M]．中山：中山大学出版社，2000.

[80] 周干峙．城市发展和复杂科学 [J]．规划师，2003: 4-5.

[81] 左仰贤．动物生物学教程 [M]．北京：高等教育出版社，2010.

[82] A. Fahn. Plant Anatomy[M]. Oxford: Pergamon Press, 1967.

[83] Acito, N., Matteoli, S., Diani, M., Corsin, G. Complexity-Aware Algorithm Architecture for Real-Time Enhancement of Local Anomalies in Hyperspectral Images. J Real-Time Image Proc, 2013: 53–68.

[84] A+u. February 2002 Special Issue, Herzog & Meuron 1978-2002, Tokyo: a+u Publish Co. LTD, 2002.

[85] Alberto T. Estevez. Genetic Architectures II: Digital Tools & Organic Forms[M]. New Mexico: Lumen Books Inc, 2005.

[86] Alberto T. Estevez. Genetic Architectures III: New bio & digital techniques[M]. New Mexico: Lumen Books Inc, 2009.

[87] Alberto T. Estévez.. International Conference of Biodigital Architecture & Genetics[C]. Barcelona, 2011.

[88]   Alberto T. Estévez.. 2nd International Conference of Biodigital Architecture & Genetics[C]. Barcelona, 2014.

[89]   Alfredo Andia, Thomas Spiegelhalter. Post-parametric Automation in Design and Construction[M]. London: Artech House, 2014.

[90]   Alexander von Humboldt.. Personal Narrative of a Journey to the Equinoctial Regions of the New Continent: Abridged Edition[M]. London: Penguin Classics, 1996.

[91]   Alexander von Humboldt, E.C. Otte. Cosmos: A Sketch or a Physical Description of the Universe[M]. North Charleston: CreateSpace Independent Publishing Platform, 2014.

[92]   Alfred James Lotka. Analytical Theory of Biological Populations[M]. Berlin: Springer, 1998.

[93]   Anders Liljas, Lara Liljas Jure Piskur, Poul Nisse. Textbook Of Structural Biology[M]. Singapore: World Scientific Publishing Company, 2009.

[94]   Anthony Mescher. Junqueira's Basic Histology: Text and Atlas[M] . New York: McGraw-Hill Education / Medical, 2013.

[95]   Arturo Tedeschi. AAD Algorithms-Aided Design. Parametric Strategies Using Grasshopper[M]. Brienza: Edizioni Le Penseur, 2014.

[96]   Ben Van Berkel, Caroline Bos. UN Studio: Design models, Architecture Urbanism Infrastructure[M]. London: Thames & Hudson, 2006.

[97]   Benoit Mandelbrot. The Fractal Geometry of Nature[M]. California: W. H. Freeman and Company, 1982.

[98]   Benoît Perthame. Parabolic Equations in Biology: Growth, reaction, movement and diffusion (Lecture Notes on Mathematical Modelling in the Life Sciences)[M] .Berlin: Springer, 2015.

[99]   Bernard Feltz, Marc Crommelinck, Philippe Goujon. Self-Organization and Emergence in Life Sciences[M]. Synthese Library, Volume 331, Dordrecht: Springer Verlag, 2006.

[100] Branko Grünbaum, G C Shephard. Tilings and patterns[M]. New York: W. H. Freeman & Co, 1986.

[101] Branko Kolarevic.. Designing and Manufacturing Architecture in the Digital Age[C]. The 19 th ECAADE - Education for Computer Aided Architectural Design in Europe, 2001.

[102] Branko Rapidshare. Tilings and Patterns[M] . California: W. H. Freeman and Company, 1990.

[103] Bruce Lindsey. Digital Gehry---material resistance /digital construction[M]. Birkhauser: Basel, 2001.

[104] Casey Reas, Chandler McWilliams. Form+Code in Design, Art and Architecture (Design Briefs)[M]. Princeton: Princeton Architectural Press, 2010.

[105] Ce ' dric Gaucherel. Ecosystem Complexity Through the Lens of Logical Depth: Capturing Ecosystem Individuality[J]. Biol Theory, 2014: 440–451.

[106] Charles Sutherland Elton. Animal Ecology[M] . Charleston: Nabu Press, 2011.

[107] Charles Lyell. Principles of Geology[M]. London: Penguin Classics, 1998.

[108] Charles B. Beck. An Introduction to Plant Structure and Development: Plant Anatomy for the Twenty-First Century[M]. Cambridge: Cambridge University Press, 2010.

[109] Charles Darwin. On the Origin of Species[M]. Oxford: Oxford University Press, 2009.

[110] Coates, P., N. Healy, C. Lamb, W.L. Voon. The Use of Cellular Automata to Explore Bottom-Up Architectonic Rules[C]. Paper presented at EurographicsUK Chapter 14th Annual Conference held at Imperial College London, 1996.

[111] D'Arcy Wentworth Thompson. On Growth and Form[M]. Cambridge: Cambridge University Press, 2014.

[112] Dario Floreano, Claudio Mattiussi. Bio-Inspired Artificial Intelligence: Theories, Methods and Technologies (Intelligent Robotics and Autonomous Agents series)[M]. Cambridge: The MIT Press, 2008.

[113] Daniel Shiffman. The Nature of Code[M], 2012.

[114] Deleuze, G. Translated by Sean Hand. Foucault[M]. Minneapolis: The University of Minnesota Press, 1988.

[115] Dennis Dollens. Genetic Architectures[M]. New Mexico: Lumen Books Inc, 2003.

[116] Denis Barabe. Chaos in Plant Morphology[J]. Acta Biotheoretica: 157-159, 1991.

[117] El Croquis134/135：62-117. OMA REM KOOLHAAS[II]1996-2007, El Croquissl, 2007.

[118] Edward Batschelet. Introduction to Mathematics for Life Scientists[M] . Berlin: Springer-Verlag, 1979.

[119] Ednie-Brown, Pia 'All-Over. Over-All: Biothing and Emergent Composition', Programming Cultures: Art and Architecture in the Age of Software, Michael Silver (eds), Architectural Design Academy Editions, 2006, No.182, Vol 76, No. 4, London, July/August, 72-81.

[120] Evelyn Chrystalla Pielou. Mathematical Ecology[M]. New York: John Wiley & Sons Inc, 1953.

[121] Franz Aurenhammer, Rolf Klein, Der-Tsai Lee. Voronoi Diagrams and Delaunay Triangulations[M]. New Jersey: World Scientific Publishing Company, 2013.

[122] Frederic E. Clements, John Ernest Weaver. Plant Ecology[M] . New York: McGraw-Hill Book Company, 1938.

[123] Frederic E. Clements. Plant Succession; an Analysis of the Development of

Vegetation[M] . Charleston: Nabu Press, 2010.

[124] Frederic E. Clements. Plant Physiology and Ecology[M]. Toronto: University of Toronto Libraries, 2011.

[125] Gabriele A. Losa,Danilo Merlini, Theo F. Nonnenmacher, Ewald R. Weibel. Fractals in Biology and Meddicin, Volume III. Springer Basel AG, 2002.

[126] George Evelyn Hutchinson. An Introduction to Population Ecology[M]. New Haven: Yale University Press, 1978.

[127] Georges Cuvier. Cuvier's Animal Kingdom: Arranged according to its Organization[M]. Boston: Adamant Media Corporation, 2000.

[128] Georges Cuvier. Recherches Sur les Ossemens Fossiles Des Quadrupeds[M]. Cambridge: Cambridge University Press, 2015.

[129] Gerardo Burkle Elizondo. Fractal geometry in Mesoamerica.Symmetry: Culture and Science[J], 2001, Vol.12, Nos.1-2: 201-214.

[130] Geraldine Sarmiento. Transitions in L-System. Interactive Telecommunications Program[M], Berlin: Springer Verlag, 2006.

[131] Gregory F. Lawle. Intersections of Random Walks (Modern Birkhäuser Classics)[M]. Berlin: Springer Birkhäuser Verlag, 2012.

[132] Gilles Deleuze. Foucault. Les Editions de Minuit[M], 1986.

[133] Guy Gogniat, Dragomir Milojevic, Adam Morawiec, Ahmet Erdogan. Algorithm-Architecture Matching for Signal and Image Processing[M]. Berlin: Springer, 2002.

[134] Guy Gogniat, Dragomir Milojevic, Adam Morawiec, Ahmet Erdoga. Algorithm-Architecture Matching for Signal and Image Processing[C]. Berlin: Springer Verlag, 2007, 2008, 2009.

[135] Gwo Giun Lee, Ming-Jiun Wang, Bo-Han Chen, JiunFu Chen, Ping-Keng Jao, Ching Jui Hsiao, Ling-Fei Wei. Reconfigurable Architecture for Deinterlacer based on Algorithm/Architecture Co-Design[J]. J Sign Process Syst, 2011: 181–189.

[136] Greg Lynn. Animate Form[M]. New York: Princeton Architectural Press, 1999.

[137] Hartmut Bohnacker, Benedikt Gross, Julia Laub, Claudius Lazzeroni. Generative Design: Visualize, Program and Create with Processing[M]. Princeton: Princeton Architectural Press, 2012.

[138] Heinz-Otto Peitgen, Hartmut Jürgens. Chaos and Fractals: New Frontiers of Science[M] . Berlin: Springer, 2004.

[139] Henry Chandler Cowles. The Plant Societies of Chicago and Its Vicinity[M]. Charleston: Nabu Press, 2010.

[140] Henry Gray. Gray's Anatomy[M]. London: Arcturus Publishing Limited, 2013.

[141] James Dewey Watson, Francis Harry Compton Crick. Molecular structure of Nucleic Acids: A Structure for Deoxyribose Nucleic Acid[J]. Nature, 1953, 171: 737-738.

[142] James D. Mauseth. Plant Anatomy[M]. New Jersey: The Blackburn Press, 2008.

[143] Jason Sharpe Charles, John Lumsden, Nicholas Woolridge. In Silico: 3D Animation and Simulation of Cell Biology with Maya and MEL[M]. Burlington: Morgan Kaufmann Publishers, 2007.

[144] Jean Baptiste Pierre Antoine de Monet de Lamarck. Hydrogeology[M]. Illinois: University of Illinois Press, 1964.

[145] Jean Baptiste Pierre Antoine de Monet de Lamarck. Zoological Philosophy: An Exposition with Regard to the Natural History of Animals[M]. Gold Beach: Bill Huth Publishing, 2006.

[146] Jemal Guven, Greg Huber, Dulce María Valencia. Terasaki Spiral Ramps in the Rough Endoplasmic Reticulum: Supplemental Material[J]. Physical Review Letter, 2014, Vol. 113: 18-31.

[147] Jesse Reiser. Atlas of Novel Tectonics[M]. Priceton: Princeton Architectural Press, 2006.

[148] Joanne Willey, Linda Sherwood. Prescott's Microbiology[M] . New York: McGraw-Hill Education, 2013.

[149] John Maynard Smith. Evolution and the Theory of Game[M]. Cambridge: Cambridge University Press, 1982.

[150] John Merle Coulter, Henry Chandler Cowles, Charles Reid Barnes. A Textbook of Botany for Colleges and Universities[M]. Lexington: Ulan Press, 2012.

[151] Jon Kleinberg, éva Tardos. Algorithm Design[M]. New York: Pearson, 2005.

[152] Katherine Esau. Plant Anatomy[M], New York: John Wiley & Sons Inc, 1953.

[153] Kostas Terzidis. Algorithmic Architecture[M] . London: Routledge, 2006.

[154] Lansing M. Prescott, John P Harley, Donald A. Klein. Microbiology[M] . New York: McGraw-Hill Science/Engineering/Math, 2004.

[155] Laura Westra, John Lemons. Perspectives on Ecological Integrity [M]. Dordrecht: Springer-Science+ Business Media, B.V, 1995.

[156] Luca Caneparo. Digital Fabrication in Architecture, Engineering and Construction[M]. Dordrecht: Springer, 2014.

[157] Luiz Junqueira, Jose Carneiro. Basic Histology: Text & Atlas[M] . New York: McGraw-Hill/Appleton & Lange, 2002.

[158] M. Gioiello, G. Vassallo, A. Chella, F. Sorbello. Self-Organizing Maps: a New Digital Architecture[J]. Trends in Artificial Intelligence, Volume 549 of the series Lecture Notes in Computer Science, 2005: 385-398.

[159] Mark Terasaki. Stacked Endoplasmic Reticulum Sheets Are Connected by

Helicoidal Membrane Motifs[J]. Cell, 2013, Vol.154(02): 285-296.

[160] Michael Batty. Cities and Complexity: Understanding Cities with Cellular Automata, Agent-Based Models, and Fractals[M].London: The MIT Press, Cambridge, Massachusetts, 2005.

[161] Michael H. Ross, Wojciech Pawlina. Histology: A Text and Atlas: With Correlated Cell and Molecular Biology[M]. Philadelphia: LWW, 2010.

[162] Michael Leyton. Group Theory and Architecture[J]. Nexus Network Journal, 2001, vol . 3: 39-58.

[163] Miguel Antonio Aon, Brian O' Rourke, Sonia Cortassa. The Fractal Architecture of Cytoplasmic Organization: Scaling, Kinetics and Emergence in Metabolic Networks[J]. Molecular and Cellular Biochemistry, 2004: 169–184.

[164] Michel Foucault. Surveiller et Punir-Naissance de la prison[M]. Paris: Editions Gallimard Paris, 1975.

[165] N. Acito,S. Matteoli, M. Diani, G. Corsin. Complexity-Aware Algorithm Architecture for Real-Time Enhancement of Local Anomalies in Hyperspectral Images[J]. J Real-Time Image Proc, 2013: 53–68.

[166] Neil Leach, David Turnbul, Chris Williams. Digital Tectonics[M], West Sussex: Willy-Academy Press, 2004.

[167] P. Crabbe, A. Holland, L. Ryszkowski, L. Westra. Implementing Ecological Integrity Restoring Regional and Global Environmental and Human Health[M]. Dordrecht: Springer-Science+ Business Media, B.V, 2000.

[168] P. J. F. Gandy, J. Klinowski. The Equipotential Surfaces of Cubic Lattices[J]. Chemical Physics Letters, 2002: 543-551.

[169] Patrick Lysaght, Wolfgang Rosenstiel. New Algorithms, Architectures and Applications for Reconfigurable Computing[M]. Dordrecht: Springer Verlag, 2005.

[170] Petra Gruber. Biomimetics in Architecture: Architecture of Life and Buildings[M], Berlin: Springer Vienna Architecture, 2009.

[171] Philip Ball. Designing the Molecular World: Chemistry at the Frontier[M]. New Jersey: Princeton University Press, 1996.

[172] Philip Ball. The Self-Made Tapestry: Pattern Formation in Nature[M]. Oxford: Oxford University Press, 1999.

[173] Przemyslaw Prusinkiewicz, Aristid Lindenmayer. The Algorithmic Beauty of Plants[M]. Berlin: Springer Verlag, 1996.

[174] Rene Thom. Structural Stability and Morphogenesis[M]. Colorado: Westview Press, 1988.

[175] Rephael Wenger. Isosurfaces: Geometry, Topology and Algorithms[M]. London: A K Peters/CRC Press, 2013.

[176] Robert Woodbury. Elements of Parametric Design[M]. London: Routledge, 2010.

[177] Robert W. Korn. the Emergence Principle in Biological Hierarchies[J]. Biology and Philosophy, 2005: 137–151.

[178]. I. Rubinow. Introduction to Mathematical Biology[M] . New York: Dover Publications, 2003.

[179] Shuichi Kinoshita. Pattern Formations and Oscillatory Phenomena[M]. Amsterdam: Elsevier, 2013.

[180] Simon Baker, Jane Nicklin, Caroline Griffiths. Microbiology: BIOS Instant Notes[M]. London: Taylor & Francis, 2011.

[181] Stephen Wolfram. A New Kind of Science[M]. Illinois: Wolfram Media, 2002.

[182] Steven Johnson. Emergence---the Connected Lives of Ants, Brains, Cities and Software[M], New York, Scribner, 2001.

[183] Susan Standring. Gray's Anatomy: The Anatomical Basis of Clinical Practice[M]. Amsterdam: Elsevier, 2015.

[184] Theagarten Lingham-Soliar. Feather Structure, Biomechanics and Biomimetics: the Incredible Lightness of Being[J]. J Ornithol. 155, 2014: 323–336.

[185] Theodore A. Cook. The Curves of Life[M]. New York: Dover Publications, 1979.

[186] Thomas Malthus. An Essay on the Principle of Population[M]. Oxford: Oxford University Press, 2008.

[187] Thomas H. Cormen, Charles E. Leiserson, Ronald L. Rivest, Clifford Stein. Introduction to Algorithms[M]. Cambridge: The MIT Press, 2009.

[188] Tom De Wolf, Tom Holvoet. Emergence and Self-Organisation: a statement of similarities and differences[J]. Proceedings of International Workshop on Engineering Selforganizing Applications, 2004: 81-103.

[189] Tim Carroil, Richard M. Burton. Organizations and Complexity: Searching for the Edge of Chaos[J]. Computational & Mathematical Organization Theory, 2000: 319–337.

[190] Vito Volterra. Theory of Functionals and of iIntegral and Integro-Differential Equations[M]. New York: Dover Publications, 1959.

[193] Xavier De Kestelier, Brady Peters. Computation Works: The Building of Algorithmic Thought[M]. Washington, D.C.: Academy Press, 2013.

图片来源

绪言

图 1、图 2、图 3、图 4：徐卫国，陶晓晨 . 批判的图解——作为 "抽象机器" 的数字图解及现象因素的形态转化 . 世界建筑，2008(5): 114-119.

图 5：作者自绘

1

图 1.1：http://tech.sina.com.cn/d/2012-12-07/10167866735.shtml 2015 年 8 月 23 日 .

图 1.2：http://zh.wikipedia.org/wiki/ 脱 氧 核 糖 核 酸 #/media/File:DNA_Structure%2BKey%2BLabelled.pn_NoBB.png 2015 年 4 月 30 日 .

图 1.3：刘次全，白春礼，张静 . 结构分子生物学 . 北京：高等教育出版社，1997: 140.

图 1.4：http://juang.bst.ntu.edu.tw/BCbasics/Nucleic1.htm 2015 年 10 月 28 日 .

其余：笔者自绘

2

图 2.1：https://phys.org/news/2013-02-gravity-roles-genetics-cytoskeleton.html 2017 年 4 月 25 日 .

图 2.3：笔者自绘

其余：清华大学建筑学院 2015 级专硕研究生秋季学期非线性 studio. 作者：王靖淞，孙鹏程，兆乐

3

图 3.1：http://zm8.sm-img2.com/?src=http%3A%2F%2Fwww.wokeji.com%2Fkbjh%2Fzxbd_10031%2F201411%2Ft20141107_859729.shtml&uid=5ce90c9661e43c447aaa864bf8069b2e&hid=1edf5f8e7ab10da04ff87cc4f396de1a&pos=1&cid=9&time=1445859636930&from=click&restype=1&pagetype=0000104000008402&bu=structure_web_info&query=%E5%AF%BA%E5%B4%8E%E5%9D%A1%E9%81%93&mode=uc_param_str=dnntnwvepffrgibijbprsvpi 2015 年 10 月 26 日 .

George B.Johnson the Living World,the McGraw-Hill Company, 2005:86.

图 3.2：Jemal Guven,Greg Huber,Dulce María Valencia. Terasaki Spiral Ramps in the Rough Endoplasmic Reticulum: Supplemental Material, Physical Review Letter,2014: Vol. 113, Iss. 18.

图 3.3~ 图 3.8：笔者自绘

其余：笔者自绘（合作者：何可，华汇环境规划设计顾问有限公司）

4

图 4.1：何玉池，刘静雯 . 细胞生物学 . 武汉：华中科技大学出版社，2014: 89.

其余：笔者自绘

5

图 5.1：http://p4.qhmsg.com/dr/270_500_/t0174486657ed81c115.jpg 2017 年 4 月 25 日 .
http://fitlife.tv/8-reasons-why-your-mitochondria-matters_original/ 2017 年 4 月 25 日 .

图 5.5：笔者自绘

其余：清华大学建筑学院 2015 级专硕研究生秋季学期非线性 studio. 作者：黎雪伦，罗盘 .

6

图 6.1：杨世杰 . 植物生物学 . 北京：科学出版社，2002:100.

图 6.2：徐汉卿 . 植物学 . 北京：中国农业出版社，1995:73.

图 6.3：徐汉卿 . 植物学 . 北京：中国农业出版社，1995:100-101.

图 6.4：笔者自绘，参照：http://chem.xmu.edu.cn/teach/chemistry-net-teaching/wuji/chapter7/7-9-2.htm 2017 年 4 月 25 日 .

图 6.5：A.FAHN.Plant Anatomy,Pergamon Press,1967.

其余：笔者自绘 .

7

图 7.1：左侧图：黄学林．植物发育生物学．北京：科学出版社，2012：123．右侧图：笔者自绘

图 7.2：A. FAHN.Plant Anatomy,Pergamon Press,1967:54.

其余：笔者自绘

8

图 8.1:http://flower.zwkf.net/article.asp?id=2033. http://kc.njnu.edu.cn/zwswx/download/web-pingtai/1-xingtaijiepou/1-5-xingtaijiepou-zuzhi.htm 2015 年 11 月 10 日．

图 8.4：http://blog.csdn.net/fourierfeng/article/details/18220305 2017 年 4 月 25 日．

其余：笔者自绘

9

图 9.1：http://pic.baike.soso.com/p/20120426/bki-20120426222310-193101102.jpg.2015 年 7 月 8 日．

其余：笔者自绘

10

图 10.1：http://www.tupian114.com/photo_394951.html 2017 年 3 月 7 日．刘穆．种子植物形态解剖学导论．北京：科学出版社,2010:9.

图 10.6：Daniel Shiffman. The Nature of Code. 2012:18.

其余：笔者自绘

11

图 11.1：https://image.baidu.com/search/detail?ct=503316480&z=0&ipn=d&word=%E5%A4%96%E5%88%86%E6%B3%8C%E8%85%BA&step_word=&hs=0&pn=5&spn=0&di=44277945800&pi=0&rn=1&tn=baiduimagedetail&is=0%2C0&istype=0&ie=utf-8&oe=utf-8&in=&cl=2&lm=-1&st=undefined&cs=1239951219%2C1288757866&os=2699819859%2C863812599&simid=3437974442%2C311455843&adpicid=0&lpn=0&ln=1627&fr=&fmq=1509246687384_R&fm=&ic=undefined&s=undefined&se=&sme=&tab=0&width=undefined&height=undefined&face=undefined&ist=&jit=&cg=&bdtype=0&oriquery=&objurl=http%3A%2F%2Fp.ananas.chaoxing.com%2Fstar3%2Forigin%2F55efddab498ead65175ae319.jpg&fromurl=ippr_z2C%24qAzdH3FAzdH3F455v_z%26e3Bviw5xtg2_z%26e3Bv54AzdH3Fg51j1jpwtsv5gp65ssj6AzdH3Fetftpg51j1jpwts%3Fhg5osj1jl1%3Dn988mdm&gsm=0&rpstart=0&rpnum=0

https://image.baidu.com/search/detail?ct=503316480&z=0&ipn=d&word=%E5%A4%96%E5%88%86%E6%B3%8C%E8%85%BA&step_word=&hs=2&pn=0&spn=0&di=101978643470&pi=0&rn=1&tn=baiduimagedetail&is=0%2C0&istype=0&ie=utf-8&oe=utf-8&in=&cl=2&lm=-1&st=undefined&cs=808830158%2C2078142472&os=4063293358%2C967563295&simid=4181789971%2C744854234&adpicid=0&lpn=0&ln=1620&fr=&fmq=1509246570599_R&fm=&ic=undefined&s=undefined&se=&sme=&tab=0&width=undefined&height=undefined&face=undefined&ist=&jit=&cg=&bdtype=0&oriquery=&objurl=http%3A%2F%2Fwww.pep.com.cn%2Fwebpic%2FW0201005%2FW020100520%2FW020100520576268567611.jpg&fromurl=ippr_z2C%24qAzdH3FAzdH3Fooo_z%26e3Brjr_z%26e3Bv54_z%26e3BvgAzdH3FvzfoAzdH3F63kvzfoAzdH3F63vzfoo1AzdH3Fda8a8aAzdH3Fpda8a8al_899dnll_z%26e3Bip4s&gsm=0&rpstart=0&rpnum=0

http://cn.bing.com/images/search?view=detailV2&ccid=ZjMg7Fi6&id=BB3AAC22AB3CB37B3DD7476F505EB34594C12C43&thid=OIP.ZjMg7Fi6gkfVFH949SHCsAEsCb&q=%E5%A4%96%E5%88%86%E6%B3%8C%E8%85%BA&simid=608041884898035126&selectedIndex=12&qpvt=%E5%A4%96%E5%88%86%E6%B3%8C%E8%85%BA&ajaxhist=0

https://www.wendangwang.com/doc/5f2fabc6ea9be6dd9b5b31c8/3 2017 年 2 月 5 日．

http://img3.imgtn.bdimg.com/it/u=1868067750,594645003&fm=21&gp=0.jpg 2015 年 7 月 11 日．

图 11.2:胡泗才，王立屏．动物生物学．北京：化工工业出版社，2010: 11.

图 11.3~ 图 11.9：笔者自绘

其余：清华大学 2012 级专硕研究生秋季学期非线性 studio. 作者：胡南斯，冯思婕

12

图 12.1：https://fineartamerica.com/featured/3-fibroblast-cells-dr-gopal-murti.html 2017 年 1 月 3 日．

http://www.olympus-lifescience.com/zh/microscope-resource/primer/techniques/fluorescence/gallery/cells/agmindex/ 2017 年 1 月 3 日．

图 12.4:http://www.51dz.com/h/wli/011002.htm 2017 年 1 月 3 日．

图 12.5、图 12.6、图 12.7、图 12.8、图 12.12：笔者自绘

其余：清华大学建筑学院 2012 级专硕研究生秋季学期非线性 studio. 作者：袁晓宇，严雨

13

图 13.1：http://zj.qq.com/a/20160829/028497.htm 2017 年 3 月 5 日．http://wap.sciencenet.cn/blogview.aspx?id=744758 2017 年 3 月 5 日．

图 13.2、图 13.3、图 13.4、图 13.11、图 13.12、图 13.13、图 13.14：清华大学 2012 级专硕研究生秋季学期非线性 studio. 作者：房宇巍，杨柳，王若凡

图 13.8、图 13.10：北京工业大学建筑与城市规划学院三年级数字建筑设计课程作业．作者：

李欣睿

其余：笔者自绘

14

图 14.1：https://baike.baidu.com/pic/ 骨骼肌 /1148516/0/38dbb6fd5266d0169de7ec33952bd40735fa352a?fr=lemma&ct=single#aid=0&pic=38dbb6fd5266d0169de7ec33952bd40735fa352a 2017 年 3 月 8 日.

图 14.2：赛道建 . 普通动物学 . 北京：科学出版社 ,2008: 36.

图 14.10、图 14.12：北京构易建筑设计有限公司 XWG 建筑工作室

其余：笔者自绘

15

图 15.1：https://www.91160.com/health/detail/id-13849.html 2017.1.6.

图 15.2：

石松的二叉分枝形态 :https://www.pinterest.com/pin/110197522103977441/ 2017.1.6.

桃树的合轴分枝形态 :https://s-media-cache-ak0.pinimg.com/originals/20/8a/6f/208a6f6e1fc3457beb202204b071a353.jpg 2017.1.6.

接 骨 木 的 假 二 叉 分 枝 形 态 :https://www.pinterest.com/pin/376050637616022463/ 2017.1.6.

图 15.3：

银杏分叉叶脉：http://www.tooopen.com/view/96436.html 2017.2.8.

禾 本 科 植 物 的 平 行 叶 脉 :http://www.360doc.com/content/16/1105/18/1641693_604172851.shtml 2017.2.8.

图 15.4：

无限花序：http://photo.hanyu.iciba.com/upload/encyclopedia_2/96/b9/bk_96b9e675252d74fb3d44d310587d61b6_8cDpxU.jpg 2015 年 4 月 25 日.

有限花序：http://s13.sinaimg.cn/orignal/4c47c808ca99787a4142c 2015 年 4 月 25 日.

其余：笔者自绘

16

图 16.1：http://szzx.edugd.cn/swy/plant-xty.html 2017.1.7

图 16.2：

左图：http://www.fadsc.com/PBHAAHCIIACG.html 2015 年 4 月 27 日,

中图：笔者自摄

右图：http://www.zhihu.com/question/24470349/answer/29147397 2014 年 9 月 19 日.

图 16.3：Katherine Esau.Plant Anatomy,John Wiley & Sons Inc,1953:342.

其余：笔者自绘

17

图 17.1：http://pic26.nipic.com/20130107/8952533_162324278169_2.jpg http://p0.so.qhimg.com/t013aeb35ed852cda90.jpg 2015 年 7 月 15 日.

图 17.21：上海现代建筑设计（集团）有限公司现代都市建筑设计院

图 17.22：笔者自摄

其余：笔者自绘

18

图 18.1：http://210.77.86.51/CRFDHTML/r201109071/r201109071.2344a80.html 2017 年 4 月 1 日.

图 18.2：孙久荣，戴振东 . 动物行为仿生学 . 北京：科学出版社 ,2013: 30.

图 18.3：http://mymodernmet.com/kjell-bloch-sandved-butterfly-alphabet/ 2017 年 4 月 27 日.

图 18.4：http://blog.sina.com.cn/s/blog_4d1004500102vqso.html 2012 年 12 月 3 日.

图 18.8 右 图：https://image.baidu.com/search/detail?ct=503316480&z=0&ipn=d&word=%E8%9D%B4%E8%9D%B6%E7%BF%85%E8%86%80&step_word=&hs=0&pn=198&spn=0&di=122416756000&pi=0&rn=1&tn=baiduimagedetail&is=0%2C0&istype=0&ie=utf-8&oe=utf-8&in=&cl=2&lm=-1&st=undefined&cs=1173837262%2C1282470703&os=4229293726%2C53093798&simid=3315836265%2C35770419&adpicid=0&lpn=0&ln=1963&fr=&fmq=1511837060783_R&fm=&ic=undefined&s=undefined&se=&sme=&tab=0&width=undefined&height=undefined&face=undefined&ist=&jit=&cg=&bdtype=0&oriquery=&objurl=http%3A%2F%2Fpic22.nipic.com%2F20120730%2F5557114_150306520149_2.jpg&fromurl=ippr_z2C%24qAzdH3FAzdH3Fooo_z%26e3Bgtrtv_z%26e3Bv54AzdH3Ffi5oAzdH3FdAzdH3Fm9AzdH3Fmma98dlhl8cv19aw_z%26e3Bip4s&gsm=96&rpstart=0&rpnum=0 2017 年 11 月 28 日

其余：笔者自绘

19

图 19.1：

支 气 管 原 型：https://image.baidu.com/search/detail?ct=503316480&z=3&ipn=d&word=%E6%B0%94%E7%AE%A1%E8%A7%89%E5%89%96%E5%9B%BE&step_word=&hs=2&pn=0&spn=0&di=84590174130&pi=0&rn=1&tn=baiduimagedetail&is=0%2C0&istype=0&ie=utf-8&oe=utf-8&in=&cl=2&lm=-1&st=-1&cs=3712208201%2C4065133449&os=3060172760%2C331734226&simid=3087367814%2C3498361895&adpicid=0&lpn=0&ln=665&fr=&fmq=1484625923034_R&fm=rs2&ic=undefined&s=undefined&se=&sme=&ta

b=0&width=&height=&face=undefined&ist=&jit=&cg=&bdtype=0&oriquery=%E6%B0%94
%E7%AE%A1&objurl=http%3A%2F%2Fbdqilingren.70.1685157.com%2Fimages%2Fma
ster%2F021%2F021-3%2F003b.jpg&fromurl=ippr_z2C%24qAzdH3FAzdH3F4566tv5gj_
z%26e3BvgAzdH3F4wfpj6AzdH3F4wfpj6-ad8-n_z%26e3Bip4&gsm=5&rpstart=0&rpnum=0
2017 年 1 月 17 日.

肺 部 解 剖 图:https://image.baidu.com/search/detail?ct=503316480&z=3&ipn=d&wor
d=%E6%B0%94%E7%AE%A1%E8%A7%A3%E5%89%96%E5%9B%BE&step_word=&h
s=2&pn=1&spn=0&di=64591034750&pi=0&rn=1&tn=baiduimagedetail&is=0%2C0&istype=
0&ie=utf-8&oe=utf-8&in=&cl=2&lm=-1&st=-1&cs=1171456101%2C1558351470&os=32430
62216%2C3447719963&simid=4173664235%2C637213649&adpicid=0&lpn=0&ln=665&fr
=&fmq=1484625923034_R&fm=rs2&ic=undefined&s=undefined&se=&sme=&tab=0&width
=&height=&face=undefined&ist=&jit=&cg=&bdtype=0&oriquery=%E6%B0%94%E7%AE%
A1&objurl=http%3A%2F%2Fpic4.nipic.com%2F20091117%2F3752136_102250006584_2.
jpg&fromurl=ippr_z2C%24qAzdH3FAzdH3Fks52_z%26e3Bftgw_z%26e3Bv54_
z%26e3BvgAzdH3FfAzdH3Fks52_l0dwmkjwa8a89b8g_z%26e3Bip4s&gsm=5&rpstart=0&rpn
um=0 2017 年 1 月 17 日.

肺 泡 模 型:http://image.baidu.com/search/detail?z=0&ipn=d&word=%E8%82%BA%
E6%B3%A1&step_word=&hs=0&pn=4&spn=0&di=205886646900&pi=&tn=baiduimagedeta
il&is=0%2C0&istype=0&ie=utf-8&oe=utf-8&cs=585194709%2C1912517652&os=34665669
73%2C1621118070&simid=&adpicid=0&lpn=0&fm=&sme=&cg=&bdtype=0&simics=22323
17323%2C1997982574&oriquery=&objurl=http%3A%2F%2Fwww.huitao.net%2Fimages%
2Fsp%2Fbao%2Fuploaded%2Fi8%2FT1ULRrXg0GXXa6Tcs1_040440.jpg&fromurl=ippr_
z2C%24qAzdH3FAzdH3Fooo_z%26e3Bi7tpw5_z%26e3BgjpAzdH3Fipkt2t42AzdH3F988mmcd
cnc_z%26e3Bip4s&gsm=0&cardserver=1 2017 年 1 月 17 日.

图 19.2:

人 手 上 的 血 管:http://image.baidu.com/search/detail?ct=503316480&z=3&ipn=d&wo
rd=%E8%A1%80%E7%AE%A1&step_word=&hs=0&pn=2&spn=0&di=170028594450&pi=0
&rn=1&tn=baiduimagedetail&is=0%2C0&istype=0&ie=utf-8&oe=utf-8&in=&cl=2&lm=-1&st=-
1&cs=957646733%2C2245139096&os=1334889180%2C4143647153&simid=0%2C0&adpicid=
0&lpn=0&ln=1655&fr=&fmq=1484627839822_R&fm=result&ic=0&s=undefined&se=&sme=&tab
=0&width=&height=&face=undefined&ist=&jit=&cg=&bdtype=0&oriquery=&objurl=http%3A%2F
%2Fimg3.duitang.com%2Fuploads%2Fitem%2F201201%2F16%2F20120116111333_MGQjQ.
thumb.700_0.jpg&fromurl=ippr_z2C%24qAzdH3FAzdH3Fooo_z%26e3B17tpwg2_z%26e3Bv54
AzdH3Fks52AzdH3F%3Ft1%3D8md0ma9l&gsm=1e&rpstart=0&rpnum=0 2017 年 1 月 17 日.

心脏血管的分形形态:汪富泉,李后强.分形几何与动力系统,黑龙江:黑龙江教育出版
社,1993:221.

其余:笔者自绘

20

图 20.1:

小肠肠镜图:http://www.37med.com/yxck/bltl/201205/11415.html 2017 年 1 月 23 日.

小肠绒毛显微图:http://www.astronomy.com.cn/bbs/thread-279513-1-1.html 2017 年 1 月
23 日.

消化道的分形形态示意图:http://xumu001.cn/index.php?doc-view-2639 2017 年 1 月 23 日.

其余:笔者自绘

21

图 21.1:J.R. Xavier, P.G. Rachello-Dolmen, F. Parra-Velandia, C.H.L. Schönberg, J.A.J.
Breeuwer, R.W.M. van Soest. Molecular evidence of cryptic speciation in the "cosmopolitan"
excavating sponge Cliona celata (Porifera, Clionaidae). Molecular Phylogenetics and Evolution
56 (2010): 13–20.

图 21.2~ 图 21.7、图 21.10、图 21.12:笔者自绘

其余:清华大学建筑学院 2012 级专硕研究生秋季学期非线性 studio. 作者:胡南斯,冯思
婕

22

图 22.1:http://www.guokr.com/post/777329/ 2015 年 12 月 3 日.

图 22.6:笔者自绘

其余:清华大学建筑学院 2015 级专硕研究生秋季学期非线性 studio. 作者:戴锐,朱玉风

23

图 23.1:

花 水 母:https://a-ssl.duitang.com/uploads/item/201301/06/20130106172445_XS4fn.
jpeg 2017 年 4 月 3 日.

水母:http://uzone.univs.cn/news2_2008_64497.html 2017 年 4 月 3 日.

图 23.2:

海 星:https://image.baidu.com/search/detail?ct=503316480&z=9&ipn=d&word= 棘 皮
动 物 &step_word=&hs=0&pn=0&spn=0&di=128134229850&pi=0&rn=1&tn=baiduimagedetail
&is=0%2C0&istype=2&ie=utf-8&oe=utf-8&in=&cl=2&lm=-1&st=-1&cs=1832570549%2C2922-
223837&os=3098071631%2C1155289483&simid=4127715695%2C470883392&adpicid=0&
lpn=0&ln=1975&fr=&fmq=1491989698496_R&fm=result&ic=0&s=undefined&se=&sme=&ta
b=0&width=0&height=0&face=undefined&ist=&jit=&cg=&bdtype=0&oriquery=&objurl=http%3

A%2F%2F7u2nre.com1.z0.glb.clouddn.com%2F0b9faa75-1c72-11e5-9961-0c4de9ba8d86.
jpg&fromurl=ippr_z2C%24qAzdH3FAzdH3Fooo_z%26e3Bac8a_z%26e3Bv54AzdH3Fpi6jw1-
9cl0n9-8-8_z%26e3Bip4s&gsm=b4&rpstart=0&rpnum=0 2017 年 4 月 3 日.

  海参：http://www.elegou365.com/pd.jsp?id=65&_pp=2_437 2017 年 4 月 3 日.

  图 23.4：http://img3.imgtn.bdimg.com/it/u=1438487467,1158188714&fm=21&gp=0.jpg
http://i2.qhimg.com/t0132b2868cf6e01436.jpg 2015 年 7 月 20 日.

  图 23.17: 沈源. 整体系统：建筑空间形式的几何学构成法则. 天津：天津大学，2011: 230.

  其余：笔者自绘.

24

  图 24.1：shanhu_01_04_74：http://amuseum.cdstm.cn/AMuseum/oceanbio/zhanguan/
images/shanhu_01_04_74.jpg

  http://study.nmmba.gov.tw/Portals/Biology/ 直紋合葉珊瑚（大圖).jpg 2017 年 3 月 3 日.

  图 24.6：笔者自绘

  其余：清华大学建筑学院 2012 级专硕研究生秋季学期非线性 studio. 作者：翟炳博，王捷

25

  图 25.1：https://sanwen8.cn/p/51ej64C.html

  http://hbimg.b0.upaiyun.com/50083e55fdfc3ee0fef4a6b595f0a1482ae95bb6258da-
t1cSmq_fw236

  http://cn.forwallpaper.com/search/nautilus.html 2017 年 4 月 27 日.

  图 25.3：笔者自绘

  其余：清华大学建筑学院 2015 级专硕研究生秋季学期非线性 studio. 作者：徐晨宇，甘旭
东

26

  图 26.1：http://www.blueanimalbio.com/wujizhui/huanjie/duomao.htm 2017 年 4 月 5 日.

  其余：笔者自绘

27

  图 27.1：

  鱼 群：http://image.so.com/v?q= 鱼 群 &src=srp&correct= 鱼 群
&fromurl=http%3A%2F%2Fclub.china.com%2Fdata%2Fthread%2F3316%2F2739%2F37%2F3
3%2F2_1_home.html&gsrc=1#q=%E9%B1%BC%E7%BE%A4&src=srp&correct=%E9%B1%B
C%E7%BE%A4&fromurl=http%3A%2F%2Fclub.china.com%2Fdata%2Fthread%2F3316%2F27
39%2F37%2F33%2F2_1_home.html&gsrc=1&lightboxindex=5&id=b71af41b658d1da6fd311116
1fed1262&multiple=0&itemindex=0&dataindex=15

  野 花：http://image.so.com/v?q= 野 花 &src=srp&correct= 野 花
&fromurl=http%3A%2F%2Fwww.nipic.com%2Fshow%2F1%2F44%2F4721979ka90f53b3.html
&gsrc=3#q=%E9%87%8E%E8%8A%B1&src=srp&correct=%E9%87%8E%E8%8A%B1&fromu
rl=http%3A%2F%2Fwww.nipic.com%2Fshow%2F1%2F44%2F4721979ka90f53b3.html&gsrc=3
&lightboxindex=5&id=7b292538d09a8270e4b54de637dfee6c&multiple=0&itemindex=0&dataind
ex=25

  稻 田：http://image.so.com/v?q= 稻 田 &src=srp&correct= 稻 田
&fromurl=http%3A%2F%2Fbbs.tianya.cn%2Fpost-no04-2344791-1.shtml&gsrc=1#q=%E7%A8
%BB%E7%94%B0&src=srp&correct=%E7%A8%BB%E7%94%B0&fromurl=http%3A%2F%2Fb
bs.tianya.cn%2Fpost-no04-2344791-1.shtml&gsrc=1&lightboxindex=5&id=b2dbe60aa26bc2030
f4765e5bbc3990c&multiple=0&itemindex=0&dataindex=30 2017 年 4 月 3 日.

  其余：笔者自绘

28

  图 28.1：https://www.pinterest.com/pin/412923859565494488/

  http://xw.qq.com/cmsid/2016030705132000 2015 年 1 月 1 日.

  其余：笔者自绘

29

  图 29.1：https://jasonkrugman.wordpress.com/category/media-architecture/ 2017 年 4
月 27 日.

  图 29.3：笔者自绘

  其余：清华大学建筑学院 2015 级专硕研究生秋季学期非线性 studio. 作者：马逸东、张裕翔.

30

  图 30.2：孙继涛，张银萍. 三种群食饵系统的平稳振荡，生物数学学报,1992(2):146.

  其余：笔者自绘

后记

　　这是一本建筑形式生成的算法书籍。在算法生形时，同一算法用于不同条件的形式生成将产生一系列相近的形式，这是因为算法关系决定了形式的特征，因此，要生成丰富的崭新形式，需要开发完全不同的算法，为了避免数字设计的形式雷同，创造生形算法一直是我们数字设计研究的基本内容，基于生物形态的算法创造是重要的内容。

　　关于生物形态的算法研究这一课题，经过了 8 年时间的积累，最早开始于清华三年级非线性建筑设计课程教学，如对真菌孢子皮、蜻蜓翅膀的研究（2008），对珊瑚形态、蚁群行为的研究（2010）；2012 年开始设有专门的研究生设计课程"基于生物形态的建筑设计"，这一课程内容包括了脑纹珊瑚、成纤维细胞、海绵动物、海绵骨针、骨小梁、蝴蝶翅膀、细胞骨架、线粒体内膜、螺状贝壳、黏菌觅食等生物形态的算法研究及建筑生形设计；之后，李宁的博士论文对这一课题进行了扩展研究，较系统地梳理了生物形态算法系列，形成了本书的基本框架；在此基础上，我们又进一步精炼矫正了对生物原型的描述、补充了生物形态特点分析图、修正了形态算法框图和程序、增加了部分建筑形体生成案例，故此形成本书呈献给读者。

　　但有一点需要澄清，本书所提出的算法实际上是基于我们所熟悉的计算知识的集合，包括了已有经典算法、已有软件借用、其他领域的科学规律的运用等，其实可以把它们看作形式生成的规则系统，具有特殊性，还没有上升到普适性的程度，因而这些算法看上去还很繁杂堆砌，只希望展现生物形态模拟以及建筑设计形态生成的过程，期望对读者有所启发。

　　在这本书的基础上，我们还正在编写一个软件，它完全基于本书生物形态的算法研究，并把这些算法发展成系统的建筑形态生成软件，它是一个基于建筑师设计习惯的形态生成软件，可以帮助建筑师进行建筑方案的形式生成；这个软件取名为曼巴（MAMBA），它是非洲的一种有毒树蛇，也暗喻这一软件可以稳准狠地让建筑师找到所需要的设计形态，期望这一设计软件早日面世。

最后感谢近十年来所有曾经参与我的"建筑设计专题"课程的学生以及指导教师，特别感谢黄蔚欣、徐丰、李晓岸、Jorden Karter、John Klien；感谢李宁博士不怕挫折、一次又一次勇于向前的付出；感谢本书编辑的努力。

徐卫国

2018 年 1 月 29 日于清华园

徐卫国

清华大学建筑学院教授，建筑系系主任，XWG 建筑工作室主持建筑师，DADA 主任。2006 年获日本京都大学博士学位。2003 年起从事数字建筑设计研究与实践，发表论文 100 余篇，出版专著及编著 15 本。北京国际青年建筑师及学生作品展（2004、2006、2008、2010）策展人。

李宁

2006 年以来一直从事数字建筑设计研究与实践，2016 年获清华大学工学博士学位，现为北京工业大学建筑与城市规划学院讲师。